KB045858

나무의 세계

AROUND
THE
WORLD
IN
80 TREES

나무의 세계

80가지 나무에 담긴 식물과 사람 이야기

조너선 드로리

조은영 옮김

시공사

일러두기

1. 옮긴이 주는 *로 표시했다.
2. 외국 인명, 지명 등은 외래어 표기법에 의해 표기하는 것을 원칙으로 했으나, 일부
   명칭은 통용되는 방식에 따랐다.
3. 식물의 학명은 이탤릭체로 표기했고, 각 나무가 속한 과의 명칭은 페이지 하단에
   표기했다.

식물학과 식물의 아름다움에 대한
영감을 불어넣어 주신 부모님께

(Contents)

중 앙 아 메 리 카

북 아 메 리 카

나는 어려서 런던의 큐 왕립식물원 근처에 살았다. 기술자였던 아버지와 언어 치료사였던 어머니는 서로 식물에 대한 열정을 나누었고, 나와 내 동생에게도 식물의 아름다움과 식물학에 대한 영감을 주셨다. "이 나무는 치명적인 독약을 얻는 데 쓰이지", "바로 저 나무에서 초콜릿이 나오는 거란다", "전 세계를 연결하는 통신 케이블을 절연하는 데 쓰이는 나무도 있어", "꽃가루받이(수분)가 끝나면 꽃 색깔이 변하는 식물도 있단다." 우리는 모든 감각을 총동원해 식물을 느꼈고, 그중에서도 양귀비(*열매가 아편의 원료가 된다) 유액을 핥았던 게 가장 기억에 남는다. 아마 그 이야기를 들은 친구 부모님의 표정 때문이었던 것 같다.

사실 어찌 보면 식물에 관한 모든 이야기는 동물과 인간을 포함한 더 큰 이야기의 일부로 볼 수 있다. 나는 과거에 아버지가 건네준 작은 디펜바키아 *Dieffenbachia* 조각에서 노예 무역의 공포를 배웠다. 미국에서는 디펜바키아를 '얼간이 사탕수수'라고도 부른다. 정당한 몫을 달라고 외치는 플랜테이션 일꾼들의 혀와 목을 잠재운 효과 때문이다(*디펜바키아 결정에 들어 있는 독 성분 때문에 먹으면 일시적으로 말을 할 수 없게 된다). 누구도 내게 '나무'가 무엇인지 알려 주지 않았지만, 어린 시절 방문했던 식물원은 식물 그리고 식물과 인간의 관계에 대한 관심을 불러일으켰고 그 관심은 나이 들어서까지 오래 지속됐다. 우리는 나무를 보기만 해도 그냥 알 수 있었다.

과학 다큐멘터리 제작이 일의 일부인 직업에 종사하다 보니 어느새 나는 큐 왕립식물원으로 (이번엔 식물원의 재단 이사로서) 돌아가 있었다. 또 나는 영국 산림 보호 단체인 우드랜드 트러스트^{Woodland Trust}와 에덴 프로젝트(*영국 폐광에 세운 식물원) 위원회, 그리고 세계자연기금 대사 자문 위원회 소속인데, 모두 일반 대중과 자연의 친밀한 관계를 중요시하는 단체다. 나는 전문 지식을 배우고 그것을 개인적 경험과 결부시켰다. 여러 차례 TED 강연도 했는데, 강연 동영상 조회 수가 3백만이 넘는 것을 보고 여러 학문 분야가 융합된 식물 이야기에 대중의 관심이 크다는 사실을 깨달았다. 그래서 이 책을 쓰게 되었다.

폭넓게 정의하자면 나무란 키가 크고 줄기가 목질인 식물을 말한다. 혼자서 서 있을 수 있고 여러 해를 산다. 식물학자들은 한 식물을 나무라고 부르려면 키가 얼마나 커야 하는지를 두고 다툰다. 하지만 나는 그 점을 크게 개의치 않는다. 이 책에 나오는 호호바 같은 나무는 대개 키 작은 관목으로 살지만 적절한 환경에서는 훨씬 높이 자라 '나무'로 불릴 만한 자격이 있음을 증명한다. 그리고 어쨌거나 관목도 작은 나무니까.

우리가 사는 세계에는 놀랍도록 다양한 나무들이 존재한다. 세상에는 적어도 6만 종이 넘는 수종樹種이 있다고 알려져 있다. 자신을 즐겨 먹는 포식자로부터 달아날 수 없기 때문에 나무는 궁여지책으로 불쾌한 화학 물질을 제조해 이들을 저지한다. 나무에서 분비되는 고무진, 나뭇진, 라텍스(유액)는 곤충을 비롯한 습격자를 집어삼키거나 중독시키고 또 꼼짝 못 하게 만든다. 그리고 곰팡이와 세균도 물리친다. 이러한 나무의 방어 작용이 인간에게 추잉 껌, 고무, 그리고 세계에서 가장 오래 거래된 사치품인 유향을 선사했다. 오리나무류는 습한 지역에서 살도록 적응한 덕분에 물속에서도 목재가 썩지 않는다. 이탈리아의 수상 도시 베네치아는 말 그대로 이 나무 위에 세워졌다고 해도 과언이 아니다. 그러나 나무가 인간의 필요를 만족시키기 위해 진화한 것은 물론 아니다. 나무는 아주 오랜 세월에 걸쳐 환경에 적응해 나가면서 자신을 방어하고 후대의 생존과 확산을 도모해 왔다. 잘 적응한 나무일수록 자손을 더 많이 생산하고 널리 퍼져 나갔다.

나는 개인적으로 식물 과학이 인간 생활에 큰 영향력을 행사하는 나무 이야기를 가장 좋아한다. 모파인나무와 한 나방의 관계 덕분에 수백만 명의 남아프리카인들이 끼니를 해결한다. 또 잡종인 레일란디측백의 탄생은 사생활에 대한 영국인의 태도에 관해 많은 것을 시사하는 아주 보기 드문 식물학적 사건이었다. 나는 이 책에서 흥미롭고 다양한 80가지 나무 이야기를 골랐다. 이 이야기는 나무와 인간이 상호 작용하는 수많은 방식 중 지극히 일부에 불과하다.

나는 여전히 전문 촬영가로서 식물과 종자를 수집하는 원정에 참여한다. 이 책에서 나는 쥘 베른의 소설 『80일간의 세계 일주』 속 주인공 필리어스 포그처럼 런던에 있는 내 집에서 출발해 동쪽으로 여행을 떠난다. 이 책 속의 나무들은 지역별로 그룹을 지어 순서대로 소개된다. 나무는 땅에 뿌리를 박고 서 있으므로 자기가 자라는 서식처와 불가분한 관계일 수밖에 없다. 그리고 어떤 곳이든 경관, 사람, 나무 사이에 나름의 고유한 관계가 형성된다. 피나무와 너도밤나무는 영국인의 눈에는 친숙한 나무지만, 독일 사람들에게는 신화처럼 낯설다. 남아프리카의 덥고 건조한 환경에서 바오바브나무의 뿌리는 물을 찾기 위해 대단히 먼 거리를 이동한다. 기진맥진하게 내리쬐는 중동의 태양 아래에서는 즙이 줄줄 흐르는 석류 열매로 목을 축일 수만 있어도 무한히 행복할 것이다. 시베리아잎갈나무는 자생하는 북방 서식처에서 추위에 대한 남다른 적응력을 드러낸다. 반면에 말레이시아 열대 우림의 축축한 온기는 두리안과 박쥐 사이의 정교하고 복잡한 관계를 형성한다. 유칼립투스속을 비롯한 많은 오스트레일리아 종은 초식 동물로부터 자신을 보호하기 위해 진액과 방향유를 분비한다. 반면에 초식성 포유류가 많지 않은 하와이 제도의 나무들은 뾰족한 가시나 독성이 있는 화학 물질을 진화시킬 필요가 없다. 캐나다의 독특한 날씨는 설탕단풍의 잎을 환상적인 가을 색채로 물들인다. 그러나 유럽에서는 같은 단풍이라도 색이 훨씬 칙칙하다.

서식처의 위치만 영향을 미치는 것은 아니다. 나무는 서식처의 다른 생물과도 경이롭고 복잡한 관계를 맺는다. 이들은 효과적인 꽃가루받이를 위해 영리한 술수를 사용하고, 종자를 퍼뜨리기 위한 적절한 홍정과 밀당을 할 뿐 아니라 원수의 원수를 끌어들이는 이이제이以夷制夷 방식까지 동원한다. 이 책에서는 이런 측면에서 유사성이 있는 나무를 해당 나무 페이지의 말미에 제시하여 바로 찾아가 볼 수 있게 했다. 물론 이 나무들은 수많은 다른 연결 고리로도 엮이므로 우리는 이후에 또 다른 나무 여행을 떠날 수도 있을 것이다. 나는 이 나무 여행이 우리가 살다가 마주치는 나무들을 한 번쯤 깊이 생각해 보는 계기가 되길 바란다.

생물들의 복잡다단한 관계는 지구 온난화를 더 큰 위협으로 만드는 요인이기도 하다. 예컨대 날씨가 따뜻해지는 바람에 어느 나무의 꽃이 예년보다 빨리 피었다고 해 보자. 그런데 공교롭게도 꽃가루 전달자는 미처 활동을 개시하지 못했다면, 나무는 나무대로 번식하지 못하고 꽃가루 전달자 역시 먹이를 구하지 못하며, 또 이 매개자에 의존한 다른 동식물 역시 어려움을 겪게 될 것이다.

기후 변화 주장에 대한 회의적인 시선에 어깃장을 놓고 싶다. 기후 과학에 대한 불신(그것이 의도된 것이든, 오도된 것이든)은 수많은 나무의 생존과 직결되기 때문이다. 혹자는 기후 변화를 정치나 예술처럼 믿음이나 견해, 해석의 문제로 생각한다. 그러나 과학은 이와 다르다. 과학자들은 세계에 대한 가설을 세우고 그 가설을 지지하거나 틀렸음을 입증하는 증거를 찾는다. 그리고 작업의 결과를 세상에 발표하기 전에 동료 과학자들에게 먼저 보여 준다. 전문가들을 초빙하여 자신이 수행한 연구의 방법, 주장, 결론의 허점을 찾아내게 하며 만약 그 결과가 주목할 만한 것이라면 다른 과학자들이 그 실험과 관찰을 반복해서 시도하고, 또 그 논문을 동료에게 검증받는다. 이처럼 철저한 검증은 시간이 많이 소요될 뿐 아니라 겸허한 것이므로 과학을 특별하게 만든다. 많은 과학자들이 검토에 참여한 연구의 결과가 우리가 빠른 기후 변화를 겪고 있고, 적어도 인간의 활동이 상황을 크게 악화시킨다고 말한다면 우리는 그 말에 귀를 기울여야 한다. 과학은 의심과 증거에 기반한 학문이지 정치나 신념에 관한 것이 아니다. 한 종으로서 우리 인간은 살면서 배우고, 그에 합당한 행동을 해야 한다.

다양성과 변이는 나무의 헤아릴 수 없는 많은 가치를 판단하는 하나의 기준일 뿐이다. 어려서 우리 집 근처에 있던 멋진 레바논시다가 내 가장 오랜 기억 속에 있다. 어느 겨울 아침, 우리는 나무가 벼락을 맞아 줄기와 가지가 부러져 여기저기 흩어진 채 죽은 것을 발견했다. 나는 그때 처음으로 아버지가 눈물을 흘리는 것을 보았다. 그 순간 나는 수백 년을 살아온 거대하고 무겁고 아름다운 존재에 대해 생각했다. 그 나무는 절대 무너지지 않는 태산 같은 존재일 것이라고 생각했으나 그렇지 않았다. 내 아버지도 마찬가지였다. 나는 아버지가 언제나 모든 것을 우호적으로 통제하고 중심을 잃지 않으시는 분이라고 생각했지만 그렇지 않았다. 나는 어머니가 그 레바논시다 안에 온 세상이 들어 있다고 말씀하신 것이 떠오른다. 그때는 그 말이 이해되지 않았던 것도 기억난다.

어머니는 옳았다. 그 나무에는 하나의 세계가 들어 있었다. 그리고 그건 세상의 모든 나무가 마찬가지다. 우리는 나무에 고마워해야 한다. 그리고 나무들은 우리의 보호를 받아야 마땅하다.

영국
단풍버즘나무 _{London Plane}
Platanus × acerifolia

단풍잎처럼 생긴 커다란 잎사귀를 달고 하늘 높이 솟은 단풍버즘나무는 권력의 정점에 오른 한 나라의 상징수답게 위풍당당하다. 일부러 설계라도 한 듯 줄기 높은 곳에서부터 뻗어 나는 가지 덕분에 다 자란 나무는 거리에 풍성한 그늘을 드리우면서도 사람들의 시야를 가리지 않는다. 19세기 런던의 광장과 대로를 돋보이게 하고자 심은 단풍버즘나무는 성장하는 제국의 수도에 어울리는 이상적인 상징물이었다. 방문객들은 단풍버즘나무가 줄지어 선 의회와 버킹엄 궁전 사이의 대로를 따라 이동하는 왕실의 행렬을 경외와 부러움의 눈으로 바라보며 아마 이렇게 생각했을 것이다. '여기가 바로 산업화된 강대국의 중심지다. 한 세기를 앞서 내다볼 만큼 안정되고 자신감이 넘친다. 이곳에서는 나무조차 불멸이다.' 참으로 영국답지 않은가.

물론 단풍버즘나무가 귀화 식물인데다가 잡종이라는 점을 제외하면 말이다. 식물의 학명에서 알파벳 X 표기는 잡종을 나타낸다. 단풍버즘나무는 양버즘나무와 유럽 동남부 및 서남아시아 자생인 버즘나무의 교배종이다. 두 나무는 17세기 말, 식물 사냥꾼(*아메리카 대륙과 아시아에서 새로운 식물을 유럽으로 가져온 사람들)들이 들여와 영국, 스페인, 아니면 (끔찍하게도) 프랑스 어딘가에서 서로 뒤엉켰을 것이다.

단풍버즘나무는 '잡종 강세'의 훌륭한 예다. 잡종 강세란 각각 독립적으로 번식하다가 교배하게 된 두 종(또는 두 품종)의 자손이 부모를 뛰어넘는 대단히 우수한 생존력과 번식력을 보이는 현상이다. 단풍버즘나무 역시 부담스러운 도시 생활을 남달리 적극적으로 받아들였다.

한창 식재되던 시기에 단풍버즘나무는 제국의 기관차로서 19세기를 이끈 증기 기관 및 공장과 함께 성장했다. 그러나 증기의 힘을 원동력으로 삼은 산업 혁명은 런던을 온통 시커멓게 그을렸다. 이런 모욕적인 환경에서 살아남는 식물은 많지 않았다. 하지만 단풍버즘나무는 유독 오염된 공기를 마시고도 잘 자랐다. 도시 생활에 최적화된 특별한 기술 덕분이다. 단풍버즘나무 나무껍질은 워낙 잘 부스러지기도 하거니와 줄기와 가지의 빠른 생장을 따라잡지 못해 아기 손바닥만 한 크기로 불규칙하게 벗겨진다. 그 바람에 줄기는 군복의 위장 무늬처럼 얼룩지는데, 실제로 이 부위가 나무의 자기방어에 결정적인 역할을 한다. 다른 나무들처럼 단풍버즘나무도 나무껍질에 껍질눈(피목)이라는

지름 1~2밀리미터의 미세한 구멍이 수없이 나 있다. 나무는 이 구멍을 통해 기체를 교환하므로 오염 물질이 구멍을 막아버리면 나무가 제대로 숨을 쉴 수 없다. 그러나 단풍버즘나무는 대기에서 제거한 오염 물질을 나무껍질과 함께 떨어내는 능력 덕분에 도시 거주자로 살아가는 나무 자신과, 동거자인 인간의 건강을 함께 유지한다.

오늘날 단풍버즘나무는 런던의 나무 절반 이상을 차지한다. 1789년에 지역 주민이 놀라운 선견지명으로 버클리 광장에 심어 놓은 나무들이 가장 인상적이지만, 템스강 주변과 왕립공원 등에서도 수많은 단풍버즘나무가 도시의 그늘과 허파로 봉사한다. 전 세계 도시 계획자들은 런던을 보면서 단풍버즘나무의 이점을 충분히 확인했고, 런던이 자신의 고유한 매력을 희생한 대가로 원래는 런던 유일의 경관이 파리, 로마, 뉴욕을 비롯한 온대 지방 전역으로 퍼져 나갔다.

그러나 이 위엄 있는 나무도 언제나 품위를 유지하는 건 아니다. 가을과 겨울이면 쌍방울처럼 매달린 공 모양의 열매가 묘한 실루엣으로 남학생들의 짓궂은 농담을 부른다. 이 열매는 새의 먹이도 되고 가려움 가루(*피부에 닿으면 가려움을 유발하는 분말)의 원료로도 쓰인다. 그러나 더위에 지친 7월 오후 런던의 단풍버즘나무는 꽤나 근사한 구경거리이자, 런던이 세계의 중심이었던 시절을 떠올리게 하는 멋진 추억 같은 나무다.

　　　　　　　　　　　단풍버즘나무　＊　버즘나뭇과

레일란디측백 _{Leyland Cypress}

Cupressus × leylandii

레일란디측백 이야기는 사생활, 정원, 그리고 (당연하지만) 계급에 대한
영국인들의 유난스러운 집착에 관한 것이다. 19세기에 영국의 식물 사냥꾼들이
미국 오리건주에서 누트카측백*Cupressus nootkatensis*을, 캘리포니아주에서
몬터레이측백*Cupressus macrocarpa*을 처음 들여왔을 때, 아무도 이 두 나무가
100년 후에 일으킬 대혼란을 예상치 못했다. 내한성이 강한 누트카측백과
성장 속도는 빠르지만 연약한 몬터레이측백은 혈연관계가 깊지 않다. 게다가
원서식지가 서로 1,600킬로미터나 떨어져 있어 자연적으로는 절대 교배하는
일이 없었을 것이다. 그러나 영국 웨일스 중부에서 이 두 종은 가까이 식재되어
교배했다. 그 결과 나타난 괴물 같은 자손은 이 운명적인 짝짓기가 이루어진
땅의 주인인 크리스토퍼 레일란드의 이름을 따서 '레일란디'라고 불렸다.

수형이 수직으로 늘씬하고 염분과 오염에 모두 강한 레일란디측백은 놀랄
만큼 왕성한 생명력으로 1년에 1미터 이상 자라고, 35미터가 넘는 경우가
흔하다. 일렬로 심어 놓으면 어느새 숨 막힐 듯 빽빽한 짙은 녹색의 담장이
된다. 1970년대 후반에 원예용품점이 확산되고, 꺾꽂이(삽목) 번식법으로
대량 생산이 가능해지면서 누구나 레일란디를 심을 수 있게 되었다. 그러나
거기서부터 문제가 시작됐다.

영국 교외 지역 사람들은 서로 가까이 모여 사는 것과는 별개로 개인
정원을 따로 소유하는데, 내가 이웃을 엿보는 것처럼 이웃도 나를 지켜볼
거라는 일종의 강박 관념 때문이다. 그러나 영국의 도시농촌계획법 때문에
두 소유지 사이에 2미터가 넘는 '사람이 인위적으로 만든' 울타리를 세울
수가 없다. 이런 상황에서 피해 의식에 사로잡힌 교외의 집주인들에게 필요한
것은 규제망을 피할 수 있는 '살아 있는' 울타리, 그것도 순식간에 자라 쉽게
뚫을 수 없는 높은 장벽을 쳐 줄 생울타리였다. 레일란디는 생울타리 시장의
공백을 완벽하게 메꾸었고, 이후 20년 동안 격리된 삶을 원하는 모든 이가
찾는 해결책이 되었다. 1990년대 초반에 영국인이 심은 나무의 절반이
레일란디였다.

그러나 절실한 사생활은 대가를 치러야 했다. 사람들은 레일란디 그늘 밑
산성화된 정원에서는 아무것도 살아남지 못한다는 걸 알게 됐다. 특히 저층에
거주하는 사람들은 늘 땅거미가 진 집에서 시야가 가려진 채로 살아야 하는

삶에 분노하고 불평했다. 게다가 소위 '개념 있는' 정원사들과 상류층 언론이
레일란디를 이민자와 졸부의 저속한 도구라며 꺼림칙하게 여긴 탓에 계급
의식이 강한 사람들 사이에 불화가 싹텄다.

　1990년대 말, 레일란디 울타리는 사회적 논란의 중심이 됐다. 언론은
일조권 때문에 시비가 붙은 이웃 간의 주먹싸움을 앞다퉈 보도했다. 울타리
분쟁으로 한 사람이 스스로 목숨을 끊었고 적어도 두 건의 살인 사건이
일어났다. 런던 서부 교외의 녹음이 우거진 노스 일링을 대표하는 한 정치가는
'사생활을 지키려는 열망보다 타인을 향한 증오가 앞서는 사람에게 레일란디가
총이나 칼 못지않은 무기가 되는 상황'을 목격했다고 말했다.

　레일란디 문제로 양 의회에서 반복적인 토론과 회의가 잇따랐다.
2005년까지 알려진 울타리 분쟁만 1만 7천여 건이 넘었고, 보고되지 않은
것까지 치면 훨씬 많았을 것이다. 그해 지방 정부는 처음으로 이 골치 아픈
생울타리 사안에 반사회적 행동 금지령(ASBO)의 적용 권한을 위임받았다.
ASBO는 시민을 대상으로 한 다소 논란의 여지가 있는 규제로, 공영 주택
단지에서 비행 청소년들을 통제하고 스태퍼드셔 핏불테리어(역시 공격적이고
문제가 많은 잡종)의 행동을 제한하는 등 특히 노동자 계층과 (많은 경우 불공정하게)
연관되었다.

　2011년에 영국에서 레일란디측백의 수는 무려 5,500만 그루에 달했고,
아마 현재는 영국 전체 인구수를 초과할 것이다. 그러나 적어도 사생활 보호와
일조권 사이에는 영국인다운 타협이 이루어지고 있다. 지금까지는.

아 일 랜 드

딸기나무 Strawberry Tree

Arbutus unedo

딸기나무(*흔히 말하는 나무딸기와는 전혀 다른 종으로, 우네도딸기나무라고도 한다)는 지중해 서부 및 아일랜드 남서부에 자생하지만, 신기하게 영국에는 없다. 기원전 1만~3천 년 전에 신석기 항해자들이 이베리아 반도에서 배를 타고 이동하면서 함께 데리고 왔다는 게 가장 그럴듯한 설명이다. 기원이 어디든 야생 딸기나무는 아일랜드 남서부에서 화려하고 이국적인 자태를 뽐낸다.

딸기나무는 뒤틀린 나뭇가지에 잎이 빽빽하게 달린 상록수로 높이가 약 12미터에 달한다. 매력적인 수피는 잘 벗겨지고 붉은 기가 돌아 선명한 녹색 잎사귀와 보색을 이룬다. 크림색 또는 장미색으로 물든 꽃이 분홍색 꽃대에 미니어처 열기구처럼 수십 개씩 달린다. 드물게 가을에 달콤한 향을 풍기며 만개하는 꽃은 사람들에겐 아름다운 선물이고 꿀벌에겐 1년 중 꿀이 가장 귀한 철에 고마운 양식이 된다. 꿀은 맛이 씁쓸하지만, 이 나무가 흔한 이베리아 반도에서는 사람들 사이에서도 꽤 인기가 있다.

딸기나무는 꽃가루받이가 끝나고도 5개월이나 지나야 열매를 맺는다. 그래서 뒤늦게 익는 작년의 열매가 갓 피어난 꽃과 나란히 나타나는 진기한 장면을 연출한다. '딸기'나무라고 불리지만, 열매는 딸기보다 진홍색 리치(*동남아시아 원산 열대 과일)를 더 닮았다. 그러나 황금빛 노란색 열매의 과육은 실망스러울 정도로 퍼슬퍼슬하고, 향은 영락없는 복숭아와 망고지만 맛은 밍밍하기 짝이 없다. '우네도unedo'라는 학명은 라틴어 'unum tantum edo'의 줄임말로 로마의 자연과학인 대★플리니우스가 "딱 하나만 먹는다"라고 말한 데서 유래했다. 열매는 발효가 될 정도로 푹 익어야 술맛으로나마 먹을 만하다. 야생 딸기나무 열매를 채취하던 포르투갈 농부들이 이 발효된 열매에서 착안해 '아구아르디엔테 데 메드루뉴Aguardente de Medronho'라는 독주를 증류한 것인지도 모른다.

스페인 수도 마드리드의 문장紋章에는 스페인어로 딸기나무를 뜻하는 '마드로뇨madroño'가 새겨졌다. '마드리드Madrid'와 마드리드의 상징수 '마드로뇨' 둘 다 '어머니'라는 뜻의 '마드르madre'에 뿌리를 둔다. 서로 관련 없는 두 단어를 어떻게든 연결 짓는 모습에서 '어머니 나무'에 대한 마드리드인들의 깊은 애정이 엿보인다.

영국

로완나무 Rowan

Sorbus aucuparia

로완나무(유럽당마가목, 서양마가목)는 작지만 대단히 추위에 강한 낙엽수로 유럽
중부와 북부, 시베리아 전역에 걸쳐 넓게 서식하며, 바람이 거센 스코틀랜드
고원에서도 잘 자란다. 크림색의 귀여운 꽃송이는 짙은 향기와 풍부한 꿀로
곤충들을 유혹한다. 날씨가 나빠 꽃가루를 옮겨 줄 곤충이 많지 않을 때는
자가 수분을 시도한다. 자가 수분은 근친 교배로 인한 유전적 불리함이 있지만
그래도 자손을 전혀 남기지 않는 것보다는 낫기 때문이다.

　　이른 가을이면 가느다란 가지는 완두콩 크기의 선명한 주황색 또는
진홍색 열매를 스무 개도 넘게 매달고 고개를 숙인다. 정확히 말하면,
이 열매는 사과처럼 꽃의 밑부분이 부풀어서 생긴 이과梨果다. 열매를
잘 들여다보면 꽃자루 반대쪽에 별 모양으로 꽃이 달렸던 흔적이 남아
있다. 나무의 학명이 경고하는 위험을 감지하지 못한 새들은 열매의
밝은색에 무작정 이끌린다. 고대에는 이 열매를 미끼로 새를 잡았는데,
로완나무의 학명인 '아우쿠파리아*aucuparia*'는 라틴어로 '새잡이'라는 뜻의
'아우쿠파티오*aucupatio*'에서 유래한 것으로 보인다. 만찬 후에 새들은 소화되지
않은 씨를 비료와 함께 여기저기 배설하고 다닌다.

　　씨는 1~2년 후에 발아해 갈라진 돌 틈이나 험준한 바위, 심지어 다른
나무의 구멍 속 축축한 퇴적물 안에서도 싹을 틔운다. 이처럼 '날아다니는
로완'은 사악한 사술로부터 인간을 보호하는 강력한 마법을 지녔다고 믿어졌다.

　　로완나무에는 한때 인간을 지켜 주었던 또 다른 마법 같은 능력이 있다.
덜 익은 로완 열매에는 소르브산이라는 화학 물질이 들어 있는데, 소르브산은
인간에게는 비교적 덜 유해한 항곰팡이성 및 항균성 물질이다. 오늘날 합성
소르브산은 식품 산업에서 곰팡이와 감염으로부터 인간을 지키는 방부제로
널리 쓰인다.

*로완나무의 열매에는 썩지 않게 하는 성분이 들어 있다. 대추야자씨는 무려 2천
년이나 지난 뒤 발아에 성공했다.(84쪽 참조)*

로완나무 ✽ 장미과

핀 란 드

백자작나무 Silver Birch

Betula pendula

백자작나무(처진자작나무)는 능력 있는 개척자다. 꼬리꽃차례(미상화서)에서 터져
나온 꽃가루는 구름처럼 흩어지고, 날개 달린 수많은 씨앗은 바람을 타고 멀리
날아간다. 지금으로부터 1만 2천 년 전 최후의 빙하가 녹을 무렵, 자작나무는
얼음이 사라지며 새로 드러난 땅에 최초로 자리 잡은 나무였다. 자작나무의
자생 범위가 아일랜드에서 시작해 발트 제국을 거치고 우랄산맥을 넘어 멀리
시베리아까지 확장된 이유가 바로 여기에 있다. 자작나무 숲은 생물 다양성이
대단히 높다. 아래로는 깊은 뿌리가 낙엽을 재활용한 영양분을 표층으로
끌어올리고, 위로는 듬성듬성한 나뭇잎 사이로 다른 식물에게 너그러이 햇빛을
양보하기 때문일 것이다.

폭포처럼 늘어진 가녀린 가지가 산들바람에 흔들릴 때면 백자작나무는
춤추는 발레 무용수처럼 자태가 우아하기 그지없다. 팔랑거리는 이파리의
가장자리에는 톱니가 있고, 나뭇진(수지) 분비샘이 무사마귀마냥 튀어나온
가는 잔가지에서 이파리가 녹색 다이아몬드처럼 돋아난다. 지나치게 창백한
잎 색깔은 나뭇잎이 빽빽한 나무에서나 볼 수 있는 그늘을 대신해 적응했다.
백자작나무의 흐린 잎은 북쪽 지방의 낮이 긴 여름에는 밤낮으로 내리쬐는
햇빛으로부터, 겨울에는 바닥에 쌓인 눈에서 반사되는 빛으로부터 줄기를 식혀
준다. 수피는 어려서는 부드럽다가 땅에 가까운 부분일수록 자라면서 짙은 색의
두꺼운 코르크층이 발달해 산불로부터 나무를 보호한다. 두꺼워진 나무껍질은
끓여서 타르 성분의 진액을 추출한다. 라틴어 속명인 베툴라*Betula*는 역청을
뜻하는 'bitumen'과 언어학적 뿌리가 같은 말인데 바로 이 진액에서 유래했다.
약 5천 년 전, 사람들은 백자작나무 나무껍질에서 추출한 나뭇진을 소독약 대신
씹었다. 사람의 잇자국이 남아 있는 진액 덩어리가 발견된 적도 있다.

1988년, 열렬한 민주주의자인 핀란드 사람들은 투표를 통해 백자작나무를
핀란드의 상징수로 지정했다. 이들이 자작나무를 선택한 이유는 자작나무의
상업적 가치나 쓰임새와 상관없이 국민의 정서가 표출된 것이다. 한낮의
자작나무 숲은 눈 덮인 숲 특유의 단색 패턴 때문에 정신없지만, 북쪽 지방의
기나긴 밤에는 달빛에 비친 유령 같은 형상이 기괴한 힘을 발휘한다. 자작나무는
북방 민족 설화에 자주 등장할 뿐 아니라 이 나무를 둘러싼 미신과 종교 의식이
있다. 잎눈을 터트리기 직전, 겨울을 보내는 마지막 진통 속에 올라오는 자작나무

수액은 이른 봄의 강장제로 여겨진다. 수액은 남쪽을 향한 줄기에 작은 구멍을 뚫고 관을 집어넣어 추출하는데, 그렇게 채취한 자작수는 달짝지근한 물로 비타민과 무기질이 들어 있지만, 몸에 좋은 물이라는 맹신에 가까운 명성을 보장할 정도는 아니다.

자작나무는 수 세기 동안 갱생과 정화의 능력으로 숭배받았고 핀란드인들은 오늘날에도 수호의 상징으로 집의 출입구에 자작나무 묘목을 심는다. 때로 자작나무 잔가지가 타프리나*Taphrina*라는 곰팡이에 감염되면 나무는 얼기설기 지은 새 둥지처럼 정신없이 잔가지를 뻗어대는 빗자루병에 걸린다. 이른바 '마녀의 빗자루'는 여러 문화권에서 초자연적인 힘과 결부되었다.

타프리나균과 달리 나무와 협력하는 균류도 있다. 나무의 뿌리는 종종 균류와 공생 관계를 맺는다. 균류는 미세한 균사를 뻗어 거대한 그물망을 형성하고 그 안에서 나무뿌리와 뒤엉켜 멀리 확장한다. 이 그물망은 토양에서 양분을 뽑아내는 데 탁월하다. 게다가 추출한 양분을 쉽게 소화할 수 있는 형태로 바꾸어 나무뿌리에 넘겨준다. 그 대가로 균류는 나무에서 당분을 얻는다. 나무마다 협력하는 균류의 종류가 다른데, 자작나무의 평생 반려자는 광대버섯*Amanita muscaria*이다. 광대버섯은 진홍색 갓에 하얀색 점박이 무늬가 있는 전형적인 동화책 속 버섯이다. 광대버섯에는 심한 환각 성분이 들어 있는데, 특히 시베리아, 핀란드, 스웨덴 등지에서 행해진 갖가지 샤머니즘 의식이 여기에서 발전했다. 그나마 이것은 점잖은 편에 속하는데, 환각을 이용한 전통적인 관습은 많은 문화에서 전해지기 때문이다. 그런데 광대버섯의 향정신성 성분은 몸에서 완전히 분해되지 않은 채 배출된다. 그렇다면 광대버섯을 먹은 사람의 소변을 마시고 함께 취해 사회적 유대 관계를 유지하는 관습도 얼마든지 가능하다. 유난히 긴 북방의 밤, 숲속에서는 별달리 신날 게 없는 것도 사실이다. 그러나 소수의 역사 기행가들이 기록한 대로 타인의 소변을 마시는 샤머니즘적 관습이 정말 그렇게 보편적인 것인지는 의심하지 않을 수 없다.

가장 잘 알려진 수액원은 설탕단풍이다.
(229쪽 참조)

네덜란드
느릅나무 ^{Elm}
Ulmus spp.

느릅나무 시들음병으로도 알려진 네덜란드 느릅나무병은 사실 동아시아에서
유래했다. 병의 원인이 네덜란드에서 맨 처음 밝혀졌다는 사실을 제외하면
네덜란드와는 무관하다. 다만 우연의 일치로 오늘날 세계에서 느릅나무를
보기 가장 좋은 장소가 바로 네덜란드의 헤이그, 그리고 특히 암스테르담이다.
여기에는 운하와 거리를 따라 7만 5천 그루 이상의 느릅나무가 줄지어 자란다.

　서부 유럽 원산으로 흔히 높이 30미터까지 날씬하고 우아하게 자란다.
가지런하지 못한 모습조차 당당하게 위를 향해 뻗어 올린 큰 가지 끝에는
나뭇잎이 구름처럼 피어오르는 잔가지가 빽빽하다. 이는 옛 거장의 화폭에서
유난히 사랑받았던 특징이다. 낙엽성인 느릅나무의 잎은 가장자리가 톱니
모양이며 특이하게 잎의 밑부분이 비대칭이라 좌우 중 한쪽이 다른 쪽보다
잎자루 위쪽에서 시작한다. 해가 잘 드는 곳을 좋아해 나무들이 답답하게
들어선 곳보다 넓게 트인 환경이나 생울타리로 심어진 장소에서 더 잘 자란다.
도시의 공해에도 끄떡없고, 특히 잘 썩지 않아 중세 시대에는 송수관을 만드는
데 흔히 사용했다.

　느릅나무의 몰락은 역사의 장난으로 앞당겨졌다. 영국느릅나무*Ulmus
procera*는 로마 시대에 서유럽에 도입됐는데, 당시 로마인들은 이 나무를 포도
덩굴의 지지대로 사용했다. 산호색의 작은 꽃이 다발로 피고, 열매(납작하고
종잇장 같은 둥근 날개 안에 자리 잡은 씨가 바람을 타고 날아가는 시과翅果) 역시 대량으로
생산되지만, 희한하게도 종자로는 잘 번식하지 않아 꺾꽂이나 뿌리움(근맹아,
나무 주변에서 뿌리로부터 올라오는 싹)을 통해서만 수를 불렸다. 그 결과 모든
나무가 유전적으로 동일한 클론인 셈이라 같은 병충해에 똑같이 취약했다.

　1920년대에 일어난 최초의 느릅나무 시들음병 유행은 별 탈 없이
수그러들었으나 1970년대에 오피오스토마 노보-울미*Ophiostoma novo-
ulmi*라는 공격적인 곰팡이에 의해 두 번째로 발발한 역병은 유럽과 북아메리카
전역에서 환경 재앙을 일으키고 수억 그루를 쓰러뜨렸다. 이름에 느릅나무를
뜻하는 'elm'이나 'ulm'이 들어간 많은 거리와 도시는 느릅나무 풍경은
물론이거니와 나이 많은 느릅나무에 의지해 살았던 곤충과 새들이 사라지기 전
과거를 떠올리게 한다.

　느릅나무 시들음병은 시들음병균 포자를 지닌 나무좀에 의해 확산된다.

느릅나무 ✽ 느릅나뭇과　　　　　　　　　　　　　　　　　　　　　　　　　26

나무좀이 나무껍질에 구멍을 뚫는 과정에 마름병균을 옮기면 이 곰팡이가 생산하는 독소는 물론이고, 나무가 병균의 확산을 막기 위해 스스로 물과 영양분의 운송 체계를 틀어막는 바람에 해를 입는다. 이른 여름, 아직 한창 푸르러야 하는 잎이 노랗게, 그리고 갈색으로 변하며 시들고 말라간다. 큰 나무라도 한 달이면 죽는다. 겉은 멀쩡하지만, 나무껍질 아래로 나무좀이 사방에 파 놓은 터널이 마치 폭발하는 별처럼 끔찍하고도 아름답게 드러난다.

느릅나무 나무좀은 적당히 굵은 나무에서만 서식하므로 생울타리의 어린나무들은 뿌리움으로 번식해 한참을 건강하게 자라다가도 결국 마름병균의 공격에 굴복했다. 하지만 몇몇 지역에서는 소규모의 대형 느릅나무가 가까스로 살아남았다. 영국 동남부 해안가에서는 바닷바람과 황무지 언덕이 천연 방어막이 되어 준 덕분에 해를 피했다. 암스테르담에서는 시민들의 열정이 나무의 목숨을 구했다. 처음엔 합성 항곰팡이제를 사용했으나 효과는커녕 생태계의 다른 영역에까지 해를 끼쳤다. 그러다 건강한 나무에 예방 접종을 시도하면서 사태가 호전되었는데, 접종한 착한 곰팡이가 나무의 자기방어 작용을 자극한 것으로 보인다. 시에서는 매년 예방 접종을 실시하고 세심하게 관리했으며, 사유지에 있는 나무까지 빠짐없이 검사하여 오염된 나무를 찾아냈다. 시민들의 적극적인 참여 덕분에 연간 감염률은 1천 그루당 하나로 줄어들었다. 또한 수십 년에 걸쳐 공들여 교배한 결과, 병균에 저항력이 있는 10여 종의 느릅나무 품종을 개발했다. 새로운 품종은 암스테르담을 포함한 여러 지역에서 많이 식재되고 있다.

해외에서 유입되는 곰팡이균과 균의 매개체는 자연적인 저항력이 없는 상태에서 받아들여지므로 엄청난 재앙을 초래한다. 현대 사회가 국제적인 무역 활동에 따른 해충과 병의 이동을 통제하기 어렵다는 점을 고려한다면 적어도 나무 종의 유전 다양성을 최대한 높게 유지할 필요가 있다. 그래야 최악의 상황에서도 다양한 형질을 가진 유전자 풀로부터 유용한 형질을 새롭게 교배할 수 있을 테니까 말이다.

곰팡이라고 해서 모두 해로운 것은 아니다. 이엽솔송나무는 썩은 통나무에서 곰팡이가 만들어 내는 영양분에 의존해서 산다.(206쪽 참조)

벨 기 에

흰버들 White Willow
Salix alba

물기가 많은 땅에서 버드나무는 상상 이상으로 쉽게 번식한다. 가지를 잘라 젖은 땅에 꽂아 넣기만 하면 가지에서 돋아난 뿌리와 뿌리움이 넓게 퍼지면서 물을 향해 나아간다. 그러나 이 놀라운 능력이 말썽을 일으킬 때도 있다. 누수된 수도관이나 하수관을 기가 막히게 찾아 어떻게 해서든 틈새를 뚫고 뿌리를 뻗어 관을 막아 버리기 때문이다. 그러나 강둑에서는 뒤엉킨 버드나무 뿌리가 침식을 막고 야생 동물에게 은신처를 제공한다.

유럽 전역에 약 450종의 버드나무가 자라는데, 종간 교배가 빈번하게 일어난다. 다 자란 흰버들은 높이가 30미터까지 이르며, 나뭇가지는 잎을 달고 우아하게 늘어지고 때로 수관樹冠(*나무의 몸통 위로 가지와 잎이 달린 부분)이 한쪽으로 처진 모양이다. 잎은 길고 좁으며 처음엔 양면 모두 촉감이 융단 같지만 자라면서 윗면은 털을 잃는다. 이 융털 때문에 멀리서 보면 나무가 은회색으로 빛나 흰버들이라는 이름이 붙었다. 꽃은 이른 봄에 가느다란 꼬리꽃차례를 이루며 나오고, 잎보다 먼저 피므로 더 도드라지며 달걀노른자 같은 꽃가루를 뒤집어쓴 복슬복슬한 애벌레 같은 생김새 때문에 꿀벌과 플로리스트들에게 모두 매력적으로 다가선다.

선사 시대 이후로 사람들은 가는 버드나무 가지를 엮어 바구니, 배의 뼈대, 울타리, 어망 등을 만들었다. 교역품 생산을 위해 고리버들 숲이 유럽의 수로 제방을 따라 넓게 조성된 적도 있었다. 살아 있는 버드나무 줄기와 가지를 이용한 자연 친화적인 예술 작품의 최근 유행은 허울뿐인 상술로 치부할 수도 있지만, 동시에 오랜 세월 미신의 대상이 되어온 식물에 어울리는 마법의 손길로도 느껴진다.

수양버들*Salix babylonica*의 영어명인 '눈물 흘리는 버드나무weeping willow'는 성경의 「시편」 137편을 잘못 해석하는 바람에 붙은 이름이다. "바빌론 기슭, 거기에 앉아 시온을 생각하며 눈물 흘렸다. 그 언덕 버드나무 가지 위에 우리의 수금을 걸어 놓고서." 문제의 버드나무는 실은 사시나무속 버들잎사시나무*Populus euphratica*였을 것이다. 그러나 버드나무의 늘어진 가지가 슬픔과 눈물을 연상시켜 자연스럽게 의미가 굳어진 것으로 보인다. 애도를 표하기 위해 버드나무로 만든 화관이나 모자를 착용하는 관습은 중세 시대 유럽 전역에서 수 세기 동안 이어졌다. 마침내 버드나무에 스며든

흰버들 ✳ 버드나뭇과   30

침울함이 '연인의 거절'이라는 의미로까지 확장되면서 '버드나무 화관을 쓰다'라는 말은 실연했다는 의미로도 쓰이게 되었다. 오늘날 네덜란드에서 버드나무에 담배를 걸어 놓는 행동은 금연의 의지를 나타낸다.

버드나무와 슬픔을 연결 지은 것이 미신이라면, 버드나무와 진통의 연관성은 화학과 의학에 근거한다. 고대 이집트인들은 오래전에 버드나무를 이용해 열과 두통을 다스렸고, 기원전 약 400년에 히포크라테스는 류머티즘 치료에 버드나무 껍질을 처방했다. 중세 유럽에도 고열에 대한 버드나무의 효능을 입증한 사례가 많다. 또한 당시에는 치통을 완화하는 민간요법으로 버드나무 껍질 조각을 잇몸과 치아 사이에 끼워 넣기도 했다. 이제는 버드나무 껍질에 상당량의 살리신이 들어 있다는 사실이 밝혀졌다. 살리신은 체내에서 진통 및 해열 성분으로 전환되는 화학 물질이다. 따라서 치통을 다스리는 '마법'은 통증이 함께 사라지기를 바라는 마음으로 피가 묻은 껍질을 나무에 도로 갖다 놓는 치료의 마지막 단계를 생략하더라도 효과가 있었을 것이다. 19세기 중반에 마침내 살리실산이 분리되어 현재는 고열과 불안증에 처방하는 흔한 치료법이 되었는데 1년에 1천억 정이 소비되는 이 약은 바로 아스피린이다. 아스피린이라는 이름은 화학 성분이 비슷한 터리풀, 당시에는 '스파이리어Spiraea'라고 부르던 식물의 이름을 딴 것이다.

물을 좋아하는 습성 때문에 버드나무는 유럽 저지대 국가(벨기에, 네덜란드, 룩셈부르크)에서 번성했고, 이 지역 전원 지대의 특색을 이루었다. 그러나 농경 지대 경관을 유지하는 과정에서 버드나무는 자연이 아닌 인간의 손으로 다듬어졌다. 매해 나무의 윗부분을 몇 미터 높이로 심하게 가지치기(두목전정)하여 커다란 곤봉처럼 울퉁불퉁한 가지터리가 되면, 이 남은 가지 끝에서 긴 순이 자라 나뭇잎을 뜯어먹는 소 떼가 닿지 못하게 높은 곳에서 무성한 수관을 형성한다. 이런 식으로 다듬어진 버드나무는 수백 년 동안 자라면서 꺾꽂이 번식에 필요한 줄기를 공급하고, 또 땅의 경계를 표시하는 고유한 표지가 되었다. 이렇게 지역 사회와 불가분하게 연결된 버드나무는 렘브란트나 반 고흐의 그림에 꾸준히 등장한다. 벨기에에서는 가지치기한 버드나무가 믿음직스럽고 침착하며 쉽게 쓰러뜨릴 수 없는 그 나라 사람들을 상징한다고 말하는 이들도 있다.

버드나무는 물가에서 잘 자란다. 그런데 나뭇잎은 뿌리에서 얼마나 높이 달릴 수 있을까? (209쪽 참조)

프랑스

서양회양목 ^{European Box}

Buxus sempervirens

회양목은 사철 푸른 조그만 잎 때문은 물론이고, 반복되는 가지치기 및 가지
비틀기에도 잘 버텨내는 기특한 성질 덕분에 정원수로 이상적이다. 남유럽
원산인 회양목은 현재 프랑스, 스페인령 피레네 산맥의 산비탈, 그리고 영국
남부에서 가장 흔하며, 이 지역 교외의 정원사들은 회양목으로 손수 빚어낸
기괴한 형상에 특별한 자부심이 있다. 특히 정형식 정원(*자연에 순응하는 자연식
정원과 달리 자연을 왜곡하여 꾸민 정원)을 즐기는 프랑스인들은 프랑스 남부의
알비에서 베르사유에 이르는 지역의 모든 대성당과 대저택 대지에 회양목을
이용해 정돈된 낮은 생울타리와 기하학적 패턴을 선보였다. 회양목의 이용은
오랜 역사를 지니고 있다. 나무를 가지치기하고 다듬어 특별한 모양을 만드는
기술인 '전정술^{topiary}'은 로마 시대의 '토피아리우스^{topiarius}'에서 기원했는데,
이는 원래 회양목으로 미니어처 장식용 경관인 '토피아^{topia}'와 장난감 동물을
모아 놓은 동물원을 만드는 정원 설계사를 뜻하는 말이었다.

　　회양목 꽃에는 별 특징이 없지만, 향은 크게 호불호가 갈린다. 어떤 이는
나뭇진과 시골에서 보낸 어린 시절의 추억을 떠올리지만, 누군가는 고양이 오줌
냄새라고 생각한다. 아리스토텔레스는 저서 『진기한 책^{De Mirabilia}』에서 회양목
꿀은 향이 짙다고 묘사하면서도 그 위험성을 인지했다. "회양목 꿀은 건강한
사람을 미치게 만들지만, 간질 환자들을 즉시 치유한다." 실제로 회양목 꿀에는
독성 알칼로이드 성분이 있으므로 먹으면 안 된다.

　　회양목은 달팽이 걸음처럼 더디 자라고, 유럽산 목재 중 가장 무겁다. 노란
기가 도는 목재는 나이테가 매우 촘촘하므로 재질이 균일하고 질감도 고울
뿐 아니라 무척 단단하다. 이 흔치 않은 성질의 조합 덕분에 19세기 후반부에
회양목은 정교하고 세밀한 조각을 필요로 하는 화보와 신문 인쇄용 목판으로
주목받았다. 1870년대 유럽에서는 목판 삽화 전문 회사가 수백 개에 달할
정도로 큰 사업이 되었다. 회양목은 멀리 페르시아에서까지 대량 수입되었으나
재고는 늘 부족했고, 대체품을 찾기 위해 수십 가지 재료를 시험했으나 모두
실패했다. 나중에야 고무 롤러를 이용한 오프셋 인쇄와 동판 식각 등 새로운
인쇄 기술이 이를 넘겨받았다.

　　회양목은 음악과도 인연이 깊다. 고대 이집트인은 회양목으로 수금을
만들었고, 지난 수백 년간 오보에나 리코더 같은 목관 악기에 사용되었다.

유럽피나무 ^{Lime Tree, Linden}

Tilia × europaea

북아메리카에서 피나무속*Tilia*은 밧줄이나 돗자리를 만드는 속껍질로
유명하지만, 유럽에서 피나무는 향수를 불러오는 낭만적인 나무다. 전형적인
독일 마을에는 대개 마을 한가운데 피나무가 심겨 있는데, 그곳은 마을의
심장이자 마을 회의가 열리는 장소로, 중세 시대에는 '피나무 아래에서'라면
진실을 확신할 수 있다는 뜻에서 법적인 판단이 이루어졌다. 또한 사랑, 봄,
다산을 상징하는 독일의 신 프레야와도 연관되어 피나무 그늘은 기사와 처녀의
동화 같은 밀회의 장소가 되기도 했다. 오늘날에도 독일인들은 (심지어 그런 과거가
없는 사람조차) 피나무 아래에서 나누었던 첫 키스를 애틋하게 기억한다. 마르셀
프루스트의 소설 『잃어버린 시간을 찾아서』에서 화자는 피나무 꽃을 우린 차에
마들렌을 적셔 무의식 속에 잠재된 비자발적 기억의 사슬을 끌어낸다.

유럽피나무는 1천 년을 사는 크고 튼튼한 나무다. 키가 40미터는 거뜬히
자라고, 나이가 들면서 둘레가 독특하게 울퉁불퉁해지며 하트 모양의 매혹적인
잎으로 뒤덮인 가지를 빠르게 분지한다. 미색에 가까운 노란 꽃으로는 심신을
진정시키는 허브차를 만든다. 유럽피나무는 독일 중부 곳곳의 아름다운
대로변에 가로수로 심어져 여름이면 달콤한 향기가 그윽한 짙은 그늘을
선사한다. 6월에 피나무 숲에 머무르면 취할 정도로 꽃내음이 진동하고 벌들도
향기에 이끌린다. 벌이 숙성시킨 연한 피나무 벌꿀은 박하와 장뇌 냄새가 섞여
산뜻하고 나무 향이 풍부하다. 그러나 피나무 꽃꿀 자체는 훨씬 자극적이다.
이 꿀에는 마노스라는 당분이 들어 있는데, 과하게 섭취하면 머리가 멍해진다.
피나무 밑에는 종종 정신을 못 차린 벌들이 여기저기 널브러져 있다.

피나무에는 감로를 분비하는 진딧물이 산다. 개미에겐 소중한 감로가
도시의 운전자들에게는 짜증을 일으키기 일쑤다. 미세한 감로 방울이 차 위로
떨어지면 금세 도시의 먼지가 들러붙어 차가 더러워진다. 베를린에서 가장
유명한 거리인 '운터덴린덴'은 '피나무 아래에서'라는 뜻인데, 이 도로에 주차한
고가의 벤츠와 BMW 들은 도로명처럼 줄지어 늘어선 나무 때문에 몸살을
앓는다. 그러나 질서 정연하기로 소문난 이 민족에게도 이 작은 땟자국은
피나무의 거부할 수 없는 감성적 호소에 지불하는 최소한의 비용에 불과하다.

휘파람가시나무도 개미와 흥미로운 관계를 맺고 있다.(101쪽 참조)

독일

유럽너도밤나무 ^{Beech}

Fagus sylvatica

유럽너도밤나무는 중유럽과 서유럽 전역에 흔하게 자라며 당당하고 의연한
기품이 있다. 잎의 가장자리는 특유의 물결형이고, 새잎은 보드라운 털이 자라고
처음에는 라임 색이다가 점점 색이 짙어진다. 층층이 겹쳐 자라는 나뭇잎
아래로 드리우는 어둠은 응달에 약한 식물의 성장을 방해한다. 그래서인지
너도밤나무 숲에는 하층에 자라는 관목이 없어 묘한 적막감이 감돈다. 가을에는
너도밤나무 도토리가 동물은 물론이고 흉년에는 인간까지 먹여 살린다. 속명인
'파구스*Fagus*'는 그리스어로 '먹을 수 있는 줄기'라는 뜻이다.

　　유럽너도밤나무 줄기는 부드러운 색감을 노년까지 유지한다. 다른
나무들은 수피 밑에 새 껍질층이 만들어질 때 옛 껍질이 이에 맞춰 함께
늘어나지 못해 심하게 갈라진다. 그러나 너도밤나무 수피는 옆으로 팽창하므로
성장을 포용하고 동시에 미세한 껍질 조각을 떨어뜨려 바깥층을 매끈하게
유지한다.

　　유럽너도밤나무가 번개를 쫓아낸다는 독일 미신은 과학적인 근거가
있다. 번개가 비슷하게 내리치는데도 신기하게 너도밤나무가 해를 덜 입는
이유는 윤기 있는 너도밤나무 줄기가 비에 쉽게 젖어 벼락에 맞더라도 전류가
나무 바깥을 타고 빠르게 흘러 나가기 때문이다. 반면에 참나무나 밤나무의
울퉁불퉁한 줄기는 나무의 축축한 내부로 전기를 유도하므로 안쪽의 수분이
끓어 넘치다 못해 폭발하면서 나무가 산산조각이 난다. 사실은 참나무가
너도밤나무보다 훨씬 흔해서 벼락 맞을 확률도 더 높은 것이겠지만.

　　유럽너도밤나무의 부드러운 수피는 오랫동안 '쓸 것'이 되어 왔다. 로마
시인 베르길리우스는 너도밤나무 껍질에 글을 새겼고, 색슨족 및 초기 튜턴족은
너도밤나무 판자에 룬 문자를 조각했다. 고서의 본문은 양피지로 만든 반면,
표지로는 너도밤나무 목판을 썼다. 시간이 지나면서 너도밤나무를 뜻하는
단어와 철자가 여러 언어 안에서 뒤섞였다. 일례로 독일어에서 너도밤나무는
'Buche', 책은 'Buch', 문자는 'Buchstabe'인데, 모두 너도밤나무에 새긴 기호를
가리킨다. 중세 유럽에서는 흔히 너도밤나무로 책상을 만들었다. 구텐베르크
이전에는 너도밤나무 껍질에 글자를 조각해 초기 인쇄술을 실험했다. 오늘날
너도밤나무에는 흔히 하트나 큐피드의 화살이 새겨져 있다. 이는 사랑을
고백하고 나무의 여백을 채우려는 열망을 동시에 만족시킨 흉터와 다름이 없다.

우크라이나

마로니에 _{Horse Chestnut}

Aesculus hippocastanum

오늘날 마로니에(가시칠엽수, 서양칠엽수)는 원산지 그리스와 발칸 중부에서는 귀해졌지만, 수 세기에 걸친 조경사와 정원사, 도시 계획가 들의 애정 덕분에 기후가 온화한 전 세계 도시의 공원과 거리에서 번성하게 되었다.

19세기 초반, 우크라이나 수도 키예프에서 마로니에 유행은 식을 줄 몰랐고, 관광 안내서마다 마로니에 홍보 문구가 실렸다. 실제로 이 도시에는 어딜 가나 마로니에가 있다. 5월이면 단단한 몸통과 사지, 전형적인 종 모양의 윤곽을 드러내며 우뚝 솟은 화려한 촛대가 된다. 이른 봄에 풍만하고 끈적거리는 새 눈이 터지면 다섯 또는 일곱 개의 잎이 마로니에 특유의 부채 모양으로 펼쳐지고, 꽃은 생기 넘치는 '양초'가 되어 관광객과 꽃가루 전달자를 동시에 유혹한다. 꿀벌은 꽃가루를 나무에서 나무로 옮기고 그 대가로 활력을 주는 꽃꿀을 얻는다. 벌이 꿀을 따간 꽃은 고맙게도 노랑에서 주황, 빨강으로 색을 바꾸어 여기엔 꿀이 없으니 얼른 다른 꽃으로 옮겨 가라는 신호를 준다. 모두에게 이로운 색깔 쇼 덕분에 나무는 아직 꽃가루받이가 일어나지 않은 꽃에 집중해서 꿀을 생산하고, 벌은 불필요한 이동을 아낄 수 있다.

마로니에의 커다란 종자는 가시 돋친 푹신한 껍데기에서 방출되는데, 꼭 밤처럼 생긴 것이 신기할 정도로 윤기가 돌고 색깔은 당연히 밤색이다. 마로니에 열매를 영어로 '콩커conker'라고 부르는데, 영국에서는 아이들이 이 열매로 같은 이름의 놀이를 한다. 꼬챙이로 콩커에 구멍을 뚫고 신발 끈이나 줄을 꿰어 길게 늘어뜨린 다음 서로 번갈아 가면서 줄을 돌려 상대의 콩커를 맞춰 먼저 깨뜨리면 이긴다. 이 놀이의 핵심은 끈이 서로 엉켰을 때 점수를 따지고 협상하는 과정에 있다. 굽거나 절인 콩커를 몰래 사용해 반칙한 사실을 성심껏 부인하는 일은 말할 것도 없다.

'콩커 나무'는 즐거웠던 어린 시절을 상징하지만, 동시에 유럽이 가장 암울했던 시기의 슬픈 이야기를 품고 있다. 제2차 세계대전 당시 안네 프랑크는 숨어 살던 암스테르담 다락방 창문으로 겨울철 헐벗은 마로니에를 보며 봄이 오면 잎이 풍성해질 거라는 희망을 얻었다. 안타깝게도 희망은 안네를 배신했지만, 2010년 안네가 보았던 바로 그 나무가 죽었을 때, 그 씨앗에서 자란 묘목들은 희망의 불빛으로, 그리고 다양성을 존중하는 사회를 향한 살아 숨 쉬는 열망의 상징으로 널리 배포되었다.

코르크참나무 Cork Oak

Quercus suber

코르크참나무는 천천히 성숙한다. 수령이 250년은 족히 넘는 상록수로, 굵고
뒤틀린 나뭇가지가 낮게 퍼지고, 탁 트인 곳에서는 수관이 거대해진다. 봄이면
다닥다닥 붙어 피는 노란 꽃이 짙은 녹색 잎과 보기 좋게 대비된다. 잎은
호랑가시나무처럼 가장자리에 가시가 있지만 폭신하고 벨벳 같은 털이 나 있다.

이 나무는 지중해 서쪽을 둘러싼 완만한 구릉 지대의 전형적인 촉촉한
해양성 겨울과 더운 여름 날씨에서 잘 자란다. 대서양 연안에서 이탈리아,
그리고 알제리에서 튀니지까지 약 2만 6천 제곱킬로미터를 코르크참나무 숲이
뒤덮는다. 하지만 세계에서 유통되는 코르크 절반 이상이 포르투갈에서, 그리고
나머지는 스페인에서 온다.

코르크참나무 목재는 평범하기 그지없지만 두꺼운 코르크층은 정말
특별하다. 대플리니우스에 따르면, 당시 로마에서는 코르크로 밑창을 댄 샌들이
키를 커 보이게 하고 가볍고 단열이 잘 된다는 이유로 여성들 사이에서 인기가
많았다고 한다. '코르크' 하면 포도주가 가장 먼저 연상되지만, 원래는 산불이
났을 때 나무를 보호하기 위해 진화한 물질인 만큼, 미우주항공국 나사NASA가
우주선 연료 탱크의 외장 단열재로 쓸 정도로 단열성이 뛰어나다.

코르크참나무의 코르크는 방어용으로 진화해 공기도 통하지 않는
불투과성인데다 거의 완벽하게 불활성이다. 방수는 물론이고 휘발유, 기름,
그리고 (당연히) 알코올에도 강하다. 코르크를 구성하는 세포는 극도의 압축에도
탄성을 유지해 병마개로 끼워 넣기에 안성맞춤이다. 게다가 코르크 절단면에
나타나는 컵 모양의 구조가 수없이 많은 미세한 진공을 만들어 코르크가 병의
표면에서 미끄러지지 않게 붙잡아 준다. 고대 그리스와 이집트에서는 암포라
항아리의 뚜껑을 코르크로 만들었다. 그러나 속설에 의하면 맨 처음 병에
코르크 마개를 사용한 사람은 17세기 유명한 포도주 제작자이자 수도사인 돔
페리뇽Dom Pérignon(맞다, 샴페인의 대명사 돔 페리뇽의 그 돔 페리뇽)이다.

코르크참나무는 손상된 코르크층을 기꺼이 재생한다는 점에서 매우
특별하다. 나무의 수령이 20년째 되었을 때 처음으로 코르크를 채취하고
그때부터 약 10년마다 반복해서 수확할 수 있다. 늦은 봄과 이른 여름에 줄기
밑에서 약 2.5미터 높이까지, 그리고 일부 큰 가지에서 코르크를 채취하는데
이 시기에는 코르크층이 반원통형으로 나무에서 쉽게 분리된다. 코르크를

수확하는 데는 숙련된 솜씨가 필요하다. 도끼에 어지간히 힘을 주어 내려치지 않으면 코르크가 힘을 모조리 흡수해 버린다. 반면 너무 세게 내리쳐서 속껍질에 생채기라도 내면 코르크의 재성장을 방해하므로 힘 조절에 유의해야 한다. 중년기의 나무 한 그루에서 100킬로그램 이상이 수확된다. 코르크는 대단히 가벼운 물질이므로 실제로는 어마어마한 양이다. 수확 후 코르크를 끓이고 긁어내고 절단하고 다듬어서 증기로 평평하게 눌러 압축한 다음, 대형 고정밀 펀치에 넣어 원통형으로 찍어 내면 전 세계 양조장으로 나갈 준비가 완료된다. 코르크층을 벗겨 낸 뒤 몇 주가 지나면 나무의 노출된 매끄러운 황갈색 줄기는 진한 붉은색으로 변하고 표면도 거칠어진다. 수확을 마친 코르크참나무의 모습은 마치 걷어 올린 바지 아래로 드러난 맨다리처럼 신기하다.

코르크참나무는 '몬타도montado'라는 친환경 혼합 농업 시스템의 한 요소다. 코르크참나무를 기반으로 한 몬타도에서는 코르크 생산 및 수렵 채집 전략과 함께 양, 칠면조, 돼지에게 코르크참나무 도토리를 먹인다. 몬타도는 숲비둘기, 두루미, 되새, 그 밖에 이들의 먹이가 되는 작은 생물은 물론이고 이베리아스라소니, 흰죽지수리, 먹황새처럼 많은 희귀종과 멸종 위기종을 먹여 살린다.

그러나 안타깝게도 이 균형 잡힌 시스템은 위협을 받고 있다. 포도주에서 트리클로로아니솔(TCA)이라는 화학 물질로 인한 퀴퀴한 곰팡내가 날 때가 있다. 사람의 코는 이 냄새에 극도로 민감해서 잔에 10억분의 1그램만 들어 있어도 알아차린다. 1980~1990년대에 포도주를 오염시키는 저품질의 코르크가 유통되면서 일부 포도주 제조사는 인공 마개를 사용하기 시작했다. 이제는 코르크 생산이 엄격히 통제되고 포도주가 오염되는 일도 거의 없지만 이미 많은 제조사들이 스크루 캡과 플라스틱 코르크에 맛을 들였다. 이것은 안타까운 일이다. 몬타도 생태계의 생존 여부가 코르크 생산지로서의 가치에 달려 있기 때문이다. 코르크 수요가 줄어들면 토지를 다른 용도로 전환하는 경제적 압박을 받을 수밖에 없다. 따라서 앞으로 포도주를 마실 때는 이왕이면 코르크 마개 병을 골라 생물 다양성을 보호하고 조화로운 삶의 방식을 후원하는 기쁨을 즐기는 것이 어떨까? 건배!

탄오크의 도토리 열매는 오랫동안 동물과 인간의 중요한 양식이 되어 왔다.(205쪽 참조)

코르크참나무 ✳ 참나뭇과

호랑잎가시나무 ^{Holm Oak}

Quercus ilex

호랑잎가시나무는 지중해 북부를 경계로 하는 나라에서 왔고, 특히
스페인 전역에서 흔하다. 잎이 조밀하게 달린 나뭇가지가 커다란 수관을
이루는 거대하고 단단한 나무로, 숯색의 수피는 작고 불규칙한 판으로
갈라진다. 타원형의 잎이 호랑가시나무를 닮아 호랑잎가시나무라는 이름이
붙었다(호랑가시나무는 라틴어로 '일렉스*ilex*'이고 고대 영어로는 '홈^{holm}'이다). 잎은
어릴 때만 가시가 있고 잎의 윗면은 선명하고 짙은 색이며 참나무류로는
드물게 상록성이다. 오래된 잎은 새잎이 나온 뒤 약 2년 후에 떨어진다. 잎은
건조한 기후에 잘 적응했는데, 따뜻한 펠트 같은 회색의 밑면은 전체가 고운
털로 뒤덮여 빛을 반사할 뿐 아니라 잎 주위의 움직이지 않는 공기층을 가두어
수분이 덜 증발하게 한다.

　　봄에는 황금색 꼬리꽃차례에 풍성하게 꽃이 달리고, 6개월 뒤면 같은
가지에 도토리가 달린다. 버드나무와 자작나무는 해마다 비슷한 양의 종자를
생산해 바람에 흩뿌리지만, 너도밤나무나 참나무처럼 커다란 열매로 굶주린
청설모를 유혹하는 나무는 다른 전략을 세운다. 열매가 거의 열리지 않는
흉년과, 근방의 모든 나무가 동시에 풍작을 이루는 해가 번갈아 반복된다.
호랑잎가시나무를 비롯해 해거리를 하는 나무는 풍년에 포식자가 물리도록
먹어도 남을 만큼 열매를 생산해 싹을 틔울 도토리를 충분히 확보한다. 매해
일정한 수의 도토리가 열리면 포식자도 이에 맞춰 개체 수를 조절하므로
결국 하나도 묘목으로 살아남지 못할 것이다. 풍작이 일어나는 해에는
나무도 스트레스를 많이 받으므로 대부분 참나무류는 1년 전부터 영양분을
저장했다가 한꺼번에 도토리를 대량 생산하지만, 상록성인 호랑잎가시나무는
여분의 도토리를 생산할 양식을 마련하기 위해 풍작이 드는 해에 추가로 잎을
키운다. 이듬해에는 나무도 회복해야 하므로 도토리가 적게 열리고 잎을 많이
떨어뜨리며 나이테가 촘촘해진다.

　　이렇게 생산된 도토리를 이베리아흑돼지에게 먹이는데, 스페인의 유명한
'하몬 이베리코' 햄이 이 돼지고기로 만들어진다. 이 돼지는 깍정이와 여타
소화할 수 없는 부위는 재빨리 버리고 하루에 도토리를 6~10킬로그램이나
먹어 치운다. 호랑잎가시나무 도토리 추출액을 사용하면 고기 패티를 익혔다가
식힌 뒤 재가열해도 풍미가 보존된다는 연구 결과가 있다.

프랑스, 코르시카섬

유럽밤나무 Sweet Chestnut

Castanea sativa

유럽밤나무 또는 '스페인'밤나무는 알바니아에서 이란에 걸쳐 자생한다. 그리고
지중해를 둘러싼 지역에서 2천 년이 넘게 전분이 풍부한 맛 좋은 열매로
재배되었다. 영양 면에서 밀과 유사한 밤은 갈아서 가루로 만들거나 으깨서
먹는다. 역사적으로 유럽의 여러 지역, 특히 프랑스 세벤느 산맥, 이탈리아령
알프스, 코르시카 산악 지대처럼 곡식이 자라기 힘든 바위 지역에서 주로
주식으로 먹었다.

　　내버려 두면 키가 35미터까지 자라는 낙엽수로, 줄기가 단단하고 견고하며
높이에 비해 대단히 굵다. 수피는 짙은 러디브라운 색깔에 대체로 깊은 홈이
파였고 나선형을 그리며 올라간다. 잎은 크고 가장자리에 톱니가 깊다. 작은
꽃은 가늘고 긴 노란 꽃대에 다닥다닥 붙어서 나고 밤꿀에 향을 더한다. 밤꿀
특유의 쌉싸름한 맛은 호불호가 갈린다. 밤은 가을에 익고 감히 청설모가
손대지 못하도록 초록색 가시로 무장한 밤송이 안에 들어 있다. 장갑을 낀
손으로 밤송이를 조심조심 양쪽으로 잡아당기듯 벌리면 안에서 윤기 나는 갈색
보석이 드러난다. 가장 먹기 좋은 품종은 밤송이 하나에 밤이 한 개씩 들어
있지만, 동물 사료용은 작은 밤 2~3개가 들어 있어도 상관없다. 코르시카와
세벤느에서는 밤을 구워 설탕에 졸인 후 가루로 만들어 먹는다.

　　밤나무 숲은 사람의 손이 많이 가는 인위적인 경관이다. 가지를 쳐서 낮고
넓은 모양으로 수형을 다듬고 대개는 열매를 잘 맺는 품종과 목질이 단단한
품종을 접붙인다. 코르시카에만도 60가지에 달하는 밤나무 품종이 있다. 이런
다양성은 병충해나 기후 변화에 대비하는 소중한 완충 역할을 할 뿐 아니라 타가
수분에도 절대적으로 필요하다. 식량을 생산하기 위해서는 나무에 애정을 쏟아
잘 돌보고 접붙이고 가지치기를 해야 한다. 땅을 깨끗이 치우고 잡초를 제거하는
것은 물론이다. 하지만 힘든 일도 그만한 가치는 있다. 각 지방에서 재배되는
고유한 품종은 그 '땅의 맛'과 지방색에 기여하며 지역 정체성과 자부심의 중요한
원천이 된다.

　　코르시카인들이 삶을 꾸려 가는 방식은 끊임없이 이 섬을 침입해 온
외부 세력들이 결정해 왔다. 중세 초기에 코르시카를 지배한 제노바 공화국은
코르시카의 반유목민들이 이 섬에 정착해 효율성을 증진하고 무엇보다
세금을 내게 하기 위해 개인이 밤나무를 심고 돌봐야 한다는 법을 제정했다.

코르시카인들은 밤나무를 받아들인 것은 물론이고 밤나무 숲을 중심으로 한 '카스타네투castagnetu'라는 하나의 완전한 문화 시스템을 구축했다. 카스타네투는 기존의 사회 체제에 잘 들어맞았다. 토지는 계속해서 공동으로 소유했고 양과 돼지는 과실수와 함께 마을에서 관리했다.

18세기 중반, 프랑스가 코르시카를 넘겨받을 무렵에 카스타네투는 코르시카 정체성의 핵심이 되었다. 그러나 밤 수확량을 높이는 데 필수적인 작업을 이해하지 못한 프랑스인들은 섬의 경제는 물론 섬 주민들의 도덕성이 발달하지 못한 책임까지 밤나무에 돌렸다. 프랑스인들은 카스타네투를 게으른 변명으로 보고 밤나무 대신 곡물 재배를 강요했다. 이에 코르시카인들은 이베리아반도에서 코르크참나무 숲을 돌봐 왔던 사람들과 비슷한 방식으로(42쪽 참조) 밤나무와 곡식, 사람과 동물을 모두 받아들임으로써 땅과 함께하는 생활이라는 전체론적 시스템을 창조하고 또다시 새로운 삶에 적응했다. 사회적 지식과 장기적인 계획을 필요로 하는 이 시스템에서 밤나무는 오로지 미래 세대를 위해서 열매를 맺었다.

제1차 세계대전은 코르시카의 노동력을 앗아갔다. 밤나무 숲의 일부는 목재로 벌목되고 일부는 곰팡이병에 굴복했다. 이제 카스타네투는 다시 한 번 외세에 맞서는 저항을 상징했고, 1980년대 이후로 카스타네투와 그 심장인 밤나무는 지역 경제 부양에 크게 이바지했다.

단맛이 도는 밤 가루는 여전히 풀렌타pulenta(*밤 가루로 만든 일종의 죽) 재료로 사용되는데, 풀렌타는 옥수수 가루로 만든 폴렌타polenta보다 풍미가 있고 구수하다. 잘 부스러지지만(밤에는 결합제인 글루텐이 없기 때문이다) 담백한 밤 빵도 만든다. 기분 좋은 음료인 피에트라 맥주에도 밤 가루가 들어간다. 하지만 실망스럽게도 맥주에서 밤 향은 나지 않는다. 한편 크렘드마롱crème de marrons(단맛이 가미된 밤 퓌레)은 신이 크레페에 내린 선물이다.

딸기나무 꿀에서도 비교적 쌉쓸한 맛이 난다.(19쪽 참조)

이 탈 리 아

독일가문비나무 ^{Norway Spruce}

Picea abies

독일가문비나무의 자생 범위는 중유럽과 남유럽의 산악 지대는 물론이고
북유럽까지 포함한다. 피라미드 모양의 이 침엽수는 수피가 회갈색이고
비늘처럼 벗겨지며, 구과는 긴 원통형이다. 흔히 50미터 높이까지 자라지만
낮은 가지는 20년쯤 지나면 아래로 늘어지는 편이다. 나무의 원줄기는 400년
정도 살지만, 가지가 땅에 닿으면 뿌리를 내려 새로 줄기를 내기도 하는데 이
과정을 휘묻이(취목)라고 부른다. 스웨덴의 달라르나주에 서식하는 '올드 티코^{Old}
^{Tjikko}'라는 이름의 나무는 탄소 연대 측정법에 의해 뿌리 일부의 수령이 약
9,500년인 것으로 확인됐다. 단, 현존하는 줄기는 수령이 불과 몇백 년으로 아직
한창이다.

　크리스마스트리 하면 떠오르는 전형적인 나무가 바로 독일가문비나무다.
전쟁 때 도와준 것에 대한 감사의 표시로 노르웨이 오슬로시가 매해 뉴욕, 워싱턴
D.C., 런던에 기부하는 독일가문비나무는 축제 기간 동안 도시의 중앙 광장에
크리스마스트리로 장식된다. 그러나 이 나무가 선사하는 가장 감동적인 순간은
명절 장식용 나무로서가 아니다. 가문비나무는 악기의 음향목으로 세계에서
가장 귀한 현악기의 울림판이 된다.

　우리가 듣는 모든 소리는 공기의 움직임이다. 그러나 현 하나의 진동은
공기를 가르며 아주 미세한 소리만 내기 때문에 거의 들리지 않는다. 악기를
만들려면 현을 뜯거나 활로 켰을 때 생성되는 에너지를 더 큰 공기의 움직임으로
귀까지 전달하는 울림판이 필요하다. 최고의 울림판을 만들기 위해서는 빳빳한
재질이 좋은데, 분자 간에 진동을 보다 효과적으로 전송하기 때문이다. 신축성이
좋은 자재는 음파가 이동할 때 에너지를 낭비한다. 그렇다고 밀도가 지나치게
높아서도 안 된다. 그러면 분자를 활성화하는 데 너무 많은 에너지가 소모되어
음이 약해지기 때문이다. 울림판의 나뭇결 방향, 세포벽의 크기, 심지어 도료까지
여러 요인이 악기의 음색과 특성에 영향을 미친다.

　독일가문비나무는 그다지 무거운 목재가 아니다. 그러나 가벼운 나무치고
보기 드물게 빳빳하다. 이 대단히 이례적인 조합 덕분에 독일가문비나무는 불과
2~3밀리미터의 목판으로도 다른 어떤 나무보다 일관되고 집중된 소리를 낼
수 있다. 그렇지만 독일가문비나무라고 해서 다 같은 것은 아니다. 높은 고도,
척박한 토양, 낮은 기온 조건에서는 나무가 느리게 자라기 때문에 재질이 훨씬

빳빳해지면서 바이올린으로 만들었을 때 낭랑하고 듣기 좋은 소리를 낸다. 세계 최고의 기타, 바이올린, 첼로의 울림판이 모두 천천히 생장하는 고산 지대 가문비나무로 만들어졌다.

　세계적인 현악기 장인 스트라디바리와 과르니에리는 이탈리아의 크레모나에 있는 그들의 작업장에서 가는 데만도 꼬박 하루가 걸리는 이탈리아 알프스에서 자라는 독일가문비나무를 음향목으로 썼다. 이 17, 18세기의 악기들이 그렇게 특별한 이유는 15세기 무렵부터 수백 년간 이어진 '소小빙하기'에 자란 나무로 제작했기 때문이다. 이 시기에는 태양의 활동이 둔해지면서 날씨가 비정상적으로 추워지는 바람에 가뜩이나 느긋하게 자라는 고산 지대 나무가 더욱 더디게 생장했다. 이례적으로 나이테가 촘촘한 아주 단단하고 견고한 음향목이 탄생한 것이다. 바로 이 목재가 바이올린 제작 역사에서 황금기의 토대가 되었다.

　크레모나를 둘러싼 숲이 파괴되면서 오늘날에는 목재 대부분을 스위스에서 공급하는데, 소규모 가족 기업에서 일하는 수색자들이 옹이가 적고 천천히 자라는 '울림 나무'를 찾아 헤맨다. 나무는 추운 휴면기에, 그리고 전통적으로 초승달이 뜨기 직전에 벌목된다. 베어 갈 수 있는 나무의 수도 엄격하게 제한된다. 벌목한 나무를 썰어서 목판으로 만든 다음에는 숙성 기간을 거쳐야 하는데 그 시간이 제법 길다. 건조 기간은 최소한 10년으로 이때쯤이면 바이올린 크기의 목판을 주먹으로 두드렸을 때 또렷하게 울린다(그리고 그에 합당한 가격이 결정된다). 50년 숙성된 목판이 더 좋은 것은 말할 것도 없다.

　세상이 점점 더워지면서 이처럼 가치 있는 목재를 인간의 힘으로 재창조하기 위해 갓 톱질한 가문비나무에 특별한 곰팡이를 주입해 세포의 비구조 부분을 제거하는 실험이 진행 중이다. 그러면 나무의 견고함에는 영향을 주지 않고도 무게를 줄일 수 있기 때문이다. 초기 시험 결과가 나쁘지 않지만, 아직까지 최고의 음향목을 제작하는 방식은 스트라디바리 시대에서 크게 벗어나지 않았다. 200~300년을 자란 나무와, 앞으로 그만큼의 시간 동안 즐거움을 선사할 바이올린 사이에 몇십 년쯤 더해진들 무엇이 문제겠는가?

발사나무 역시 무게에 비해 매우 단단하다.(180쪽 참조)

이 탈 리 아

유럽오리나무 ^{Alder}

Alnus glutinosa

겉으로만 보면 유럽오리나무(검은오리나무)를 달리 구별 지을 특징은 없다. 물론 연보라색 잎눈과 꼬리꽃차례를 이루며 아래로 늘어지는 꽃이 플로리스트들에게 사랑받고 있기는 하다. 테니스 라켓 모양의 짙은 잎사귀는 끝이 V자 모양으로 파이고, 어린 잔가지는 끈적거려 '글루티노사*glutinosa*'라는 학명이 붙었다. 이게 전부다. 그러나 겉모습만 봐서는 알 수 없다. 오리나무 목재는 정말 특별하다.

　　오리나무는 물을 좋아해서 강기슭을 따라 서식하거나 젖은 땅에서 가장 잘 자란다. 또한 자작나뭇과 나무로는 드물게 질소 고정 세균과 공생 관계다. 당분을 제공 받은 세균이 성장에 필요한 비료를 공급하는 덕분에 나무는 침수된 불모지에서도 잘 자란다.

　　목재로서 유럽오리나무는 물과 각별한 관계다. 12세기에 베네치아 군도 주민들이 늪지대에 자리 잡은 집을 확장할 무렵, 이들은 예전부터 오리나무가 수문 제작에 많이 사용되었음을 눈여겨보았을 것이다. 이들은 오리나무 목재가 축축한 채로 공기에 노출되면 금방 썩지만 물속에 잠겨 있을 때는 멀쩡하다는 사실을 알았다. 사실 물속에 완전히 잠겨 있는 한 오리나무는 수백 년이 지나도 본래의 압축 강도를 유지한다. 세포벽에 들어 있는 특별한 화학 물질이 부패의 원인이 되는 세균의 번식을 막기 때문이다. 베네치아인들은 오리나무로 만든 말뚝이 큰 건물을 지탱할 정도로 강하다는 사실을 알았을 뿐 아니라 대담하게도 그 지식을 바탕으로 석호 위에 꿈의 도시를 세웠다.

　　베네치아 기술자들은 작은 면적에 체계적으로 담을 쌓고 물을 빼낸 뒤 약 1제곱미터당 9개의 말뚝을 세웠다. 그리고 말뚝을 진흙 아래 하층토까지 단단히 박아 조수가 가장 낮을 때에도 늘 말뚝이 물속에 잠겨 있게 했다. 규모가 큰 건물에는 더 굵은 참나무 말뚝이 필요했지만 리알토 다리와 여러 대형 종탑을 포함한 베네치아 도시 대부분이 말 그대로 오리나무 위에 세워졌다.

　　이렇게 유럽오리나무는 베네치아가 자랑하는 예술적인 건축술의 버팀목이 되었지만 이것이 다는 아니다. 오리나무가 없었다면 이 도시 국가는 절대로 군사 강대국의 자리에까지 오르지는 못했을 것이다. 유럽오리나무 목재는 최상의 품질을 갖춘 숯의 원료로 유명하다. 오리나무 숯으로 만든 화약을 사용하면 총알과 대포가 더 빠르게 멀리 날아가고, 수류탄과 지뢰 역시 질 낮은 숯을 썼을 때보다 파괴력이 뛰어나다. 오늘날에도 고성능 화약은 오리나무로

만든다. 또한 숯은 각종 도구와 선박 제작에 필수 과정인 철을 녹일 때 필요한 뜨거운 열을 내는 재료이기도 했다.

14세기 말에 베네치아의 주물 공장인 게토(이후에 유대인 강제 거주 지역을 뜻하게 되었다)에는 세계에서 가장 효율이 높은 용광로가 있었는데, 이곳에서 바로 오리나무 숯으로 불을 지폈다. 이 도시의 무기고는 세계에서 가장 규모가 큰 산업 시설이 되었고, 1만 6천 명에 달하는 노동자들이 장비와 무기를 완벽하게 갖춘 원양선을 하루에 한 척씩 생산해 냈다. 산업과 군사력에 기반을 둔 중세의 베네치아는 오늘날 낭만적인 관광 명소와는 전혀 다른 모습이었다.

도시는 온갖 종류의 목재를 게걸스럽게 탐했다. 오리나무는 물론이고 대형 말뚝과 선박에는 참나무, 배 젓는 노에는 너도밤나무가 쓰였다. 그리고 요리와 난방에 쓰이는 싸구려 목재를 저장하는 대형 창고까지 갖췄다. 목재 공급은 엄격히 통제되었다. 내륙에 있는 넓은 숲은 국유림으로 지정해 별도로 관리했다. 16세기 중반에는 공식 사찰단, 지도 제작자, 산림 감시인이 활동하면서 가장 좋은 나무에는 소인을 찍어 두고, 벌목꾼과 톱질꾼, 그리고 사공 길드의 작업을 일일이 확인했다.

목재마다 제 역할이 주어졌으나 상선과 군함의 장비를 단조하고 대포의 화약을 제조하는 데 쓰이는 것은 오리나무 숯이었다. 또한 그 일을 하는 장인이 사는 집의 말뚝도 오리나무였다. 700여 년이 지난 지금도 그 말뚝들은 여전히 이른바 '수상 도시'를 떠받치고 있다. 영광스러운 건축물과 관광객들까지도.

그리스, 크레타섬

마르멜로 Quince

Cydonia oblonga

여름은 뜨겁고 겨울은 혹독한 캅카스 산맥 및 이란에 자생하는 마르멜로(퀸스, 털모과)는 작고 가지가 비틀린 나무로, 기온이 매년 2주일 이상 섭씨 7도 밑으로 내려가야 개화한다. 마르멜로 열매는 가까운 친척인 사과나 배보다 좀 더 크고 울퉁불퉁하다. 세 과일 모두 이과인데, 우리가 먹는 과육 부분은 오래전에 꽃잎이 떨어지고 남은 꽃의 기부가 확장한 것이다. 회색빛 솜털이 보송보송한 노란색 마르멜로는 생으로 먹으면 떫고 딱딱하다.

전 세계 재배량의 4분의 1을 차지하는 마르멜로 나무가 터키에 분포한다. 그러나 마르멜로에 라틴어로 '코토니움cotonium', 프랑스어로 '쿠앵coing'이라는 이름을 부여한 것은 에게해 바로 건너편 크레타섬의 고대 도시 국가 시도니아Cydonia다. 영국에서 마르멜로는 19세기에 들어 익혀 먹지 않아도 되는 달콤한 과일이 유행하기 전까지 집집마다 부엌을 장식했지만, 그보다는 마상 창시합과 실러법(*크림, 와인, 레몬, 설탕 등으로 만든 영국의 디저트)이 주는 중세의 여운이 담겨 있다. 지중해 남부에서는 고전 시대 이후로 마르멜로가 달콤하고 풍미 있는 요리에 쓰였고 음식, 문화, 전원 풍경의 일부가 되었다.

마르멜로는 진정한 사랑의 음식이다. 그리스 신화에서 파리스가 사랑과 미의 여신 아프로디테에게 선사한 황금 '사과'가 바로 마르멜로였다. 기원전 600년경에 아테네 여성들은 지혜, 숨소리, 음성에 우아함을 더하기 위해 혼인날 밤에 의무적으로 마르멜로를 먹었다. 이 과일은 로마인의 침실에 향내를 돋우었고, 르네상스 시대의 예술 작품에서는 열정과 신의, 다산을 상징했다. 오늘날에도 마르멜로는 전통적인 그리스 결혼 케이크에 쓰인다. 실내에 두면 자극적인 향에 실제로 취하는데, 아마 춘약으로서의 명성이 여기에서 왔을 테고, 마르멜로의 연한색 과육에 열을 가하면 광채가 나는 루비색으로 붉어지는 것 역시 무언가 상징하는 바가 있었을 것이다.

오늘날 마르멜로 또한 근친 교배의 위험에 처했다. 농부들은 1천 년이 넘게 인간이 선호하는 형질(이 경우에는 크고 맛있는 과일)을 선택적으로 교배해 왔다. 그러나 소수의 선택된 개체군만을 계속 교배, 재교배하다 보면 시간이 흐를수록 유전 다양성이 낮아져 나무의 적응력이 약해진다. 인간이 재배하는 작물의 야생 친척들은 우리가 향후 교배할 필요가 있는 본래의 유전 다양성을 간직하고 있다. 우리가 이들을 보호해야 하는 이유다.

월계수 Laurel, Bay

Laurus nobilis

월계수는 지중해 서부에서 자라는 상록수로, 가지를 잘라 손질해 테라스를 장식하거나 부엌 뒤뜰에서 무성한 관목으로 키우기도 하고, 그냥 두면 15미터 높이의 아름다운 교목으로 자란다. 꽃대가 짧은 작고 노란 꽃이 예쁘게 다발로 핀 다음에는 종자가 하나씩 든 윤이 나는 검은 장과漿果가 암나무에 열린다. 월계수 잎은 배 모양에 질기고 건조하며, 윤기 나는 겉면의 특별한 분비샘에 향유를 축적한다. 월계수 잎은 피클이나 각종 요리에 사용된다(레몬 조각에 월계수를 끼운 채 구워서 생선 위에 뿌리면 별미다). 남유럽에서는 잎보다 향기가 자극적인 열매를 갈아서 사용하기도 한다.

　월계수는 그리스 신화에서 신성시되는 나무다. 순결한 님프인 다프네는 욕정에 찬 아폴로가 쫓아오자 아버지에게 도움을 청했다. 딸의 애원을 들은 아버지는 다프네를 월계수로 변신시켰다. 좌절한 아폴로는 다프네 대신 다프네가 변한 나무를 취했고, 그 이후 월계수는 언제나 아폴로의 머리카락을 장식했다. 고대로부터 아폴로는 월계관을 쓴 모습으로 그려졌다. 월계수는 정화를 상징하므로 전쟁에서 돌아오는 그리스 장군들은 피비린내를 씻어 내기 위해 월계관을 썼다. 시간이 지나면서 그리스와 로마에서 월계관은 승리, 그리고 나중에는 업적 또는 성취와 결부되었다.

　월계수를 뜻하는 현대 그리스어는 여전히 '다프니dáfni'다. 영어명인 '로렐laurel'은 라틴어에서 기원했는데, 라틴어로 화관은 월계수 열매라는 뜻의 'bacca lauri'이며, 프랑스 대학 입학 자격시험을 뜻하는 '바칼로레아baccalauréat'가 여기에서 나왔다. 그리고 프랑스에서는 대학 학위를 취득했다는 의미로 'bachelor'(학사)를 사용한다. 한편, 노벨상 수상자와 민족시인을 'laureate'라고 부른다. 이탈리아 학생들은 졸업식에서 월계관을 쓴다.

월계수의 종자는 새가 퍼뜨리며, 로완나무도 마찬가지다.(20쪽 참조)

터키

무화과나무^{Fig}

Ficus carica

무화과는 사막 지대의 과일이다. 무화과나무의 깊은 뿌리는 물을 잘 찾아내기로
유명한데, 작은 틈바구니로 뿌리를 밀어 넣거나 담장에서 싹을 틔운다. 손대지
않으면 제멋대로 늘어진 관목으로 자라거나, 코끼리 색의 수피가 매끄러운
12미터짜리 교목이 되기도 한다. 겨울에는 잎이 지고 늦은 봄에야 넓고 거친
촉감의 새잎이 나오는데, 이때는 마침 사람과 동물 모두에게 그늘이 필요할
즈음이다.

　　수백 년에 걸쳐 화가들이 최선을 다했지만, 가장자리에 골이 심하게
팬 무화과나무 잎으로는 벌거벗은 아담과 이브를 가리기에 역부족이었다.
그러나 무화과와 다산을 연결 짓는 이야기는 적어도 4천 년이 넘게 이 나무를
재배한 중동과 근동의 모든 문화권에서 등장했다. 마침 이 책에서 다룰 무화과
이야기도 성과 성별에 관한 것이다.

　　무화과 열매는 다육질에 속이 빈 호리병같이 생겼다. 열매 안쪽에
두툼하게 덧댄 카펫은 사실 아주 조그만 꽃이 촘촘히 박힌 것이다(이 꽃그릇을
'은두꽃차례^{syconium}'라고 부르며, 그리스어로 'sykon'은 무화과를 뜻한다). 무화과는 두
종류가 있다. 암꽃이 피는 암나무에는 우리가 흔히 먹는 과즙이 많은 열매가
열린다. 수나무에는 물기가 없고 먹지 못하는 카프리무화과^{caprifig}가 달리는데,
꽃의 일부는 수꽃이고 일부는 암꽃이다(카프리무화과라는 이름은 염소, 즉 이 열매를
먹는 유일한 동물의 이름에서 왔다). 문제는 카프리무화과 열매 안에 핀 수꽃의
꽃가루를 어떻게 암나무 열매 속의 암꽃으로 옮기는가에 있다.

　　나무에 피는 꽃은 대개 풍매화나 충매화다. 이와 달리 무화과나무속의
식물들은 남다른 방식을 사용하는데, 종마다 꽃가루 배달을
전담하는 말벌이 따로 있다. 우리가 흔히 먹는 무화과를 담당한 벌은
블라스토파가^{Blastophaga}라는 벌의 암컷으로 벌침이 없고 길이도 겨우 몇
밀리미터밖에 안 되는 아주 작은 곤충이다. 이들이 일을 처리하는 방식은 대단히
바로크적(*지나치게 복잡하다는 뜻)이다. 이 벌은 암수 모두 카프리무화과 수꽃에서
부화하는데, 그중 수벌은 무화과 안에서 암벌과 짝짓기를 한 다음 굴을 파고
바깥으로 나와 죽는다. 이 무렵에 카프리무화과의 수꽃이 꽃가루를 생산한다.
짧은 휴식을 즐긴 후, 암벌은 온몸에 꽃가루를 잔뜩 묻힌 채 수벌이 만들어
놓은 구멍으로 빠져나온다. 향기에 이끌린 암벌은 알을 낳을 다른 무화과를

찾아서는 열매 바닥에 뚫린 작은 구멍을 통해 몸을 비집고 들어가는데 그때 날개와 더듬이가 떨어져 나간다. 운 좋게 수나무의 카프리무화과로 들어가면 암벌은 거기에 알을 낳고 새끼가 부화하여 생활사를 되풀이할 것이다. 그러나 암나무의 무화과로 들어간다면, 제대로 걸려든 것이다. 암벌은 조그만 꽃 사이를 헤매고 다니며 이리저리 꽃가루를 퍼뜨리겠지만 정작 암벌 자신은 이 꽃과 궁합이 맞지 않는다. 해부학적인 문제로 이 꽃에는 알을 낳지 못하기 때문이다. 암벌이 꽃가루받이를 해 준 덕분에 꽃은 수정이 되어 작은 씨를 맺지만, 말벌의 유충은 태어나지 못할 것이다. 꽃이 분비한 효소가 명이 다한 암벌의 몸을 녹여 소화한다. 암 무화과는 부풀고 달콤해져 박쥐와 새(그리고 인간)를 유혹해 씨를 퍼뜨린다. 설사를 일으키는 성분 덕분에 씨는 몸 밖으로 나와 영양분이 충분한 상태로 생을 시작한다.

일부 무화과 품종은 단위 결실(*수정되지 않고도 열매를 맺는 현상)을 하도록 교배되었다. 즉 꽃가루받이가 필요 없다는 말이다. 그러나 무화과의 최대 생산지인 터키에서 누구나 즐겨 찾는 '스미르나Smyrna'라는 무화과 품종은 맛이 좋기로 유명한 캘리포니아 무화과 칼리마이나Calimyrna 및 기타 유명한 품종처럼 당당히 말벌이 꽃가루받이한다. 미국에서도 스미르나 품종 재배를 시도했으나 처음에는 중동 지방 농부들이 과수원에 카프리무화과 가지를 걸어 놓는 전통을 미신으로 취급해 무시했다가 실패했다. 그러나 이는 세심한 관찰을 바탕으로 말벌이 암수 중매자의 역할을 제대로 수행하도록 배려한 것이다.

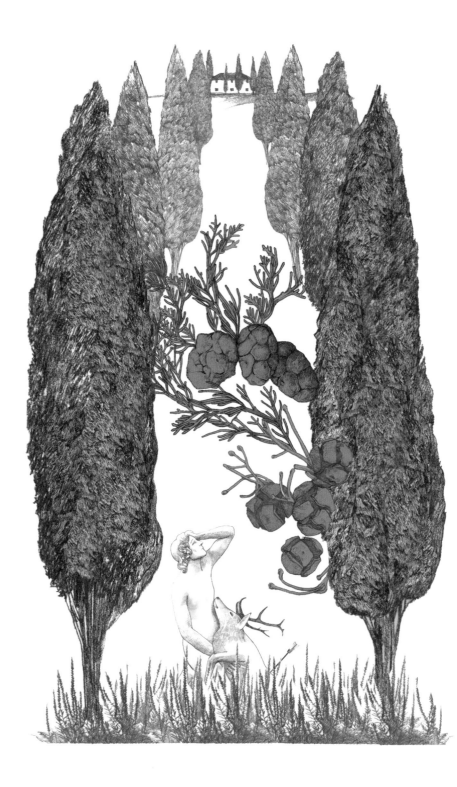

키프로스

지중해사이프러스 ^{Mediterranean Cypress}

Cupressus sempervirens

사이프러스는 특이하게 한 종이 전혀 다른 두 수형으로 자란다. 원종인
호리존탈리스*horizontalis*는 성경에도 등장하는데, 지중해 동쪽과 서아시아
지방이 원산이고 지금도 야생에서 발견된다. 높이 30~50미터이고 가지가
이리저리 뒤틀리며 옆으로 자라기 때문에 수형이 크고 넓게 퍼지며 아주 오래
전에나 살았을 법한 모습이다. 다른 변종인 스트릭타*stricta*는 좁고 길쭉한
원뿔꼴로 가지가 수직으로 원줄기와 나란하게 자란다. 이 날씬한 신참은
꺾꽂이를 통해 인간의 손으로 번식하며, 로마의 정원수였을 것으로 추정된다.
이 기둥 모양의 변종은 지중해 전역에서 인기를 누리며 프랑스 남부와 이탈리아
토스카나 지방의 경관에 느낌표처럼 마침표를 찍었을 것이다.

사이프러스 잎은 색이 짙고 짤막하다. 비늘잎 뒷면에 특유의 회백색 십자
무늬(기공선)가 있는데, 건조하고 밝은 환경에 적응된 것이다. 암꽃과 수꽃은
같은 나무에서 자라며 바람으로 꽃가루받이한다. 얼핏 보면 수꽃은 갈색과
크림색의 가로줄 무늬가 있는 벌떼처럼 보인다. 수정된 암꽃의 구과(솔방울)는
은회색으로 변한다. 구과는 호두 크기로 늦은 여름에 익은 뒤 실편 조각이
떨어지며 종자를 방출한다. 하지만 솔방울 몇 개는 마치 화재 보험처럼
남겨두었다가 산불이 지나가면 다음 세대를 위해 흩어질 채비를 한다.

이집트인들은 나뭇진을 함유한 사이프러스 목재로 석관 및 방충
처리가 필요한 궤짝을 만들었다. 이 나무의 원산지인 키프로스^{Cyprus}는 바로
'사이프러스^{Cypress}'에서 이름을 빌렸다. 이 섬의 광산은 주요 구리 생산지인데
구리에 주석을 섞어 청동을 만들었기 때문에 로마인에게 전략적으로
대단히 중요했다. 이들은 구리를 '키프로스에서 온 금속'이라는 뜻의 'aes
Cyprium'이라고 불렀는데, 나중에 'cyprum', 그리고 'cuprum'으로 바뀌면서
오늘날 구리를 상징하는 기호인 Cu의 기원이 되었다. 많은 언어에서 구리를
나타내는 현대어가 사실상 키프로스를 매개로 이 종과 연관이 있는 셈이다.

사이프러스는 그리스 신화 속 인물인 키파리소스의 이름을 딴 것이다.
키파리소스가 실수로 신이 아끼는 수사슴을 죽인 뒤, 아폴로는 그를
사이프러스로 변신시켰고, 나뭇진을 함유한 사이프러스 수액은 키파리소스의
눈물을 나타낸다. 사이프러스는 불멸의 영혼과 영원한 죽음, 그리고 지하
세계의 상징이 되어 흔히 묘지에 심긴다.

레바논

레바논시다 Cedar of Lebanon
Cedrus libani

이 웅장한 나무가 문명 발달에 지대한 역할을 했다고 해도 틀린 말이 아니다. 토양의 코어 시료(*땅을 뚫어 원통형으로 채취한 시료)와 토양 속 꽃가루를 분석했더니 1만 년 전에 지중해 동쪽을 가로질러 메소포타미아와 현재의 이란 남서부 지역에 방대한 시다 숲이 펼쳐져 있었음이 밝혀졌다. 오늘날 레바논시다(백향목, 레바논삼나무)는 서유럽과 미국의 공원 및 대규모 정원에서 정원수로 인기가 높지만 자생 범위는 레바논, 시리아, 그리고 터키 남부의 고립된 산악 지대로 제한된다. 그런데 어찌하여 이 용사가 엎드러졌을까.(*구약 성경「사무엘 하」1장에 나오는 구절)

　다 자란 레바논시다는 거목치고 신기할 정도로 기품이 넘친다. 눈길을 끄는 몸통은 지름이 2.5미터나 되는데, 눈이 내리는 환경에서 자라는 침엽수치고 특이하게 가지가 수평에 가깝다. 그러려면 나뭇가지가 굉장히 단단히 붙어 있어야 한다. 사실 오래된 나무에서 가끔 뜬금없이 몇 톤짜리 커다란 나뭇가지가 떨어져 사람들을 놀라게 한다. 진회색 수피가 분비하는 발삼 수지(나뭇진)의 진한 향내 덕분에 시다 숲에서의 산책이 특별해진다. 가지에는 암녹색 또는 청녹색의 바늘잎이 열을 지어 조밀하게 들어찬다. 타원형의 구과는 큰 레몬 정도 크기로 한 해씩 걸러서 생산되고 다 익으면 분해되어 수많은 실편으로 흩어진다.

　레바논시다는 겨울에는 살을 에는 추위를, 여름에는 긴긴 가뭄을 견딘다. 또한 목재는 튼튼하고 잘 썩지 않으며 화려한 붉은색에 기분 좋은 향이 나고 대형 목판으로 잘라 낼 수 있어 편리하다. 그야말로 모든 것을 갖춘 나무가 아니겠는가. 그러나 아마도 그것이 이 나무를 몰락시킨 원인이었을 것이다. 고대에 레바논시다는 쓸모가 많은 원자재였다. 이 나무의 목재는 아시리아, 페르시아, 바빌론을 비롯한 여러 나라에서 사원과 궁전을 짓는 데 사용됐다. 페니키아인들 사이에서도 활발히 거래되었는데, 이 해양 민족은 레바논시다를 선박과 건물, 가구를 짓는 목재로 활용했다. 고대 이집트인들은 미라를 만들 때 레바논시다의 나뭇진을 사용했고, 파라오 무덤에서 레바논시다로 만든 궤짝 주위에 뿌려진 나무 부스러기가 발견되었다. 레바논시다는 성경에서도 언급되었고 기원전 약 830년경 예루살렘에서는 솔로몬 사원의 지붕에 사용되었다. 당시는 위생 관리가 소홀했으므로 레바논시다의 살균, 방충 기능은 달콤한 향과 함께 각광받았다. 레바논시다 기름은 지금도 옷좀나방을 쫓는 데 쓰이고, 터키 남부에서는 타르질의 레바논시다 추출액인 '카트란'이 해충이나 부식으로부터 목조 구조물을 보호한다.

자연을 지배하는 인간의 능력을 강조하는 고대의 이야기 속에는 흔히 레바논시다를 베는 장면이 나온다. 약 4천 년 전, 수메르인들이 새긴 「길가메시 서사시」에서는 동명의 영웅이 야생 시다 숲의 수호자이자 반신반수半神半獸인 훔바바를 이긴 다음 자신의 힘을 과시하기 위해 숲의 나무를 모두 쓸어버린다. 아마도 이 이야기에 영감을 주었을 당시 과도한 숲의 착취는 이윽고 숲을 보전하려는 노력을 끌어냈고, 서기 118년에 로마 황제 하드리아누스는 황제를 위한 레바논시다 숲까지 지정했다. 그러나 그 이후로 보전은 부분적으로만 이루어졌다. 레바논에서 이 나무는 문화적으로도 중요하다. 레바논 국가國歌는 '영원함의 상징'인 레바논시다 위에 세워진 나라의 영광을 노래한다. 이 나무는 레바논 국기에도 등장한다. 레바논 정부는 몇 그루 남지 않은 아름다운 레바논시다를 지나친 개발로부터 보호하려고 애쓰지만, '레바논'시다라는 이름에도 불구하고 이제 야생에서 가장 많은 레바논시다를 볼 수 있는 곳은 레바논이 아닌 터키 남부의 토로스 산맥이다.

최근 지구 온난화 때문에 학자들은 향후 유럽 중부에서 번성할 산림 수종을 수색 중이다. 초기 시험 결과, 레바논시다가 후보에 올랐다. 기후 변화가 이 종에게는 오히려 활력소가 될지도 모른다는 뜻이다. 그러나 지금으로 보아 훔바바가 보호했던 고대의 광활한 시다 숲으로 돌아가는 길은 요원하다.

시다는 종종 큰 가지를 떨어뜨리는 것으로 악명 높다. 그러나 울레미소나무에게는 늘 있는 일이다.(154쪽 참조)

이 스 라 엘

올리브나무 ^{Olive}
Olea europaea

땅딸막하고 옹이투성이에 놀라울 정도로 열과 가뭄, 염소(동물)에 강한
올리브나무는 수령이 천 년은 거뜬히 넘고, 평생 열매를 맺는다. 잎의 윗면은
짙은 회녹색이고, 밑면은 열과 강한 바람에 의한 증발을 막는 미세한 비늘털
때문에 은빛으로 반짝거려 전형적인 지중해 풍경을 연출한다. 비늘털은 지름이
고작 6분의 1밀리미터이고 확대하면 주름진 파라솔처럼 보인다.

이제는 스페인과 이탈리아가 가장 큰 생산지이지만, 원래 올리브나무는
중동과 밀접한 관계였다. 중동에서 올리브나무는 신석기 시대부터 쓰였고,
적어도 지난 5천 년 동안 약재 및 기름을 얻기 위해 재배되었다. 세계의 여러
언어에서 '기름^{oil}'(이탈리아어로 'oilo', 프랑스어로 'huile')을 뜻하는 단어가 올리브를
지칭하는 고대 그리스어에서 기원했다. 올리브는 어떤 과실보다 열량이 높다.
또한 식용 못지않게 연료로서의 가치도 크다. 히브리어와 아랍어로 올리브를
뜻하는 단어는 각각 'zayit'와 'zeytoun'으로 '밝음'이라는 뜻을 가진 공통
뿌리에서 기원한 것으로 보인다.

올리브나무는 유대교, 기독교, 이슬람교에서 빛과 자양, 정화의
상징으로서 사랑받았다. 구약 성경의 홍수 이야기에서 비둘기는 방주 속
노아에게 올리브나무 가지를 물어다 주는데, 이는 신의 노여움이 풀리고
수위가 낮아졌음을 뜻한다. 이후 올리브나무 가지는 평화의 상징이 되었다. 이
평화는 유대인, 이슬람교도, 기독교인, 아랍, 이스라엘, 팔레스타인 사람들의
고향 땅에서 너무나도 소중하고 절실한 것이다. 어떻게 하면 모두를 설득해
아이들에게 역사의 옳고 그름을 떠나 모두를 위한 평화와 예언을 실현하기
위해 공존하는 법을 가르치게 할 수 있을까? 관대하고 인내심이 강한
올리브나무라면 분쟁 해소를 위해 애쓰는 이들에게 영감을 줄 수 있을지도
모르겠다.

올리브나무 잎은 수분 손실을 줄이기 위한 미세한 비늘(아래 그림 참조)을 갖고 있다.
호랑잎가시나무 잎은 다른 방식으로 진화했다.(46쪽 참조)

올리브나무 ✳ 물푸레나뭇과

용혈수 Dragon's Blood
Dracaena cinnabari

아프리카의 뿔(소말리아 반도)에서 떨어져 나온 예멘의 소코트라섬 고유종인 용혈수는 선사 시대의 기괴한 면모가 있다. 바람에 뒤집어진 우산 같은 괴이한 모양새 덕분에 화강암 산맥과 석회암 고원을 뒤덮는 메마르고 얕은 토양에서도 살아남았다. 이 지역은 비가 매우 드물지만, 하늘을 향해 뻗은 가늘고 왁스칠한 나뭇잎 위에 가끔 엷은 안개가 응결되어 한 방울씩 떨어지면 한 방울도 남김없이 나무의 몸통을 타고 내려가 마침내 뿌리로 향한다.

속세를 초월한 듯한 용혈수의 형상은 상처 입은 사지에서 배어 나오는 맑은 핏물 같은 진액 때문에 비현실성이 더욱 고조된다. 현지 주민들은 나무껍질에 조심스럽게 칼집을 내거나 이미 갈라진 부분을 더 벌려 진이 잘 나오게 한 다음 1년 뒤에 돌아와 채취한다. 이것을 열을 가해 말리면 오싹한 핏가루가 된다. 17세기 유럽에서 이 신기한 '용의 피'는 마력을 지닌 만병통치약으로 귀하게 취급되어 심각한 병중에 처방되거나 사랑의 묘약 또는 구취 제거에 비싼 만큼 제값을 하는 재료로 쓰였다. 이제는 이 진액에 항미생물, 항염증성 화합물이 들어 있다는 사실이 밝혀져 오늘날에도 현지에서는 구강 청결제로 사용되거나 발진이나 종기 치료에 쓰인다.

그런데 왜 하필 '용'의 피였을까? 소코트라섬은 인도와 중동, 지중해를 잇는 무역로에서 중요한 경유지였다. 이 '용'은 아마도 힌두 신화와 함께 이 진액을 팔던 인도 상인들에게서 유래했을 것이다. 신화에 따르면 소코트라 땅에서 벌어진 코끼리와 용의 전설적인 싸움에서 용이 코끼리의 피를 들이마신 뒤 몸이 짓뭉개지는 바람에 결국 두 동물의 피가 모두 흘러나왔다고 한다. 서기 1세기경에 이 이야기가 한 그리스인의 항해기에서 언급되고, 이후 대플리니우스에 의해 널리 알려졌다. 그리고 2천여 년이 흘러 드라카이나속*Dracaena*은 '용의 암컷'을 뜻하는 그리스어에서 유래했고, 그 진액은 많은 언어에서 '용의 피'로 불리게 되었다. 오늘날 소코트라는 아라비아에서 '두 형제의 피'로 불리며 과거 인도 문화의 영향력을 암시한다.

스트라디바리는 용혈수의 진액이 든 도료로 바이올린을 물들였다. 그는 독일가문비나무로 바이올린을 제작했다.(53쪽 참조)

이란

석류나무 Pomegranate

Punica granatum

석류는 고대 이집트와 그리스 신화, 구약 성경과 바빌로니아 탈무드, 그리고
코란에 단골로 등장하며 풍부한 씨앗과 과즙 덕분에 언제나 다산과 연결된다.
현재 재배되는 석류의 조상은 수천 년 전 이란과 북인도 중부의 메마른
구릉에서 자랐다. 오늘날 재배종 역시 뜨거운 낮과 시원한 밤을 선호한다.
석류나무는 키가 5~12미터로 작고 가지가 많이 갈라졌으며 짙은 초록색으로
반짝이는 잎을 달고 있다. 수령이 길어 200년까지도 산다. 석류 꽃은 눈이
즐거운 구경거리다. 견고한 깔때기 모양의 독특한 꽃받침에서 구깃구깃한
꽃잎이 다홍과 진홍의 강렬한 색깔을 화려하게 터트린다.

　석류 열매는 분홍 기가 도는 노란색부터 광채가 나는 장미색, 심지어
고동색까지 색이 다양하다. 가죽처럼 질긴 껍질 덕분에 나무에서 딴 뒤에도
싱싱함이 오래가기 때문에 역사 속에서 석류는 장거리 여행 중 훌륭한
간식거리였다. 열매 속에는 과즙이 풍부한 육질외종피(씨껍질이 부풀어 오른
것) 안에 수백 개의 씨앗이 크림색 막에 갇혀 있다. 투명한 분홍색에서 짙은
보라색까지 탱글탱글한 낱알이 서로 완벽하게 맞물려 포장술의 정수를 보여
준다. 과즙은 새콤하고 톡 쏘는 맛이다. 이는 목질화된 건조한 씨앗을 먹어 주는
것에 대한 보상이며, 누군가에게는 뱉을 것인가 삼킬 것인가의 딜레마를 준다.

　신선한 석류 열매, 주스, 코디얼(과즙으로 만든 주스의 일종)은 지중해
서부에서 남아시아까지 어디서나 먹을 수 있지만, 이란이야말로 진정한 석류
문화를 품은 나라다. 많은 석류 전문점들이 다양한 품종의 과즙을 제공한다.
주스나 아이스크림 위에 약간의 타임(백리향)과 함께 뿌려 먹도록 석류알(생,
건조, 냉동 타입)이 준비되어 있다. 가을에는 신선한 석류즙을 진한 갈색의
당밀처럼 걸쭉해질 때까지 끓이는데, 그렇게 만든 석류 페이스트는 닭고기와
호두를 넣어 만든 스튜인 '코레쉬테 페센잔^{khoresht fesenjan}'의 중요한 재료가 된다.
이란의 수도 테헤란은 매해 빼놓지 않고 석류 축제를 개최한다.

　석류는 몸에 좋기로 유명하다. 전통적으로 설사, 이질, 장내 기생충을
다스리는 데 사용되었고 열매에는 건강에 좋은 항산화제가 들어 있다. 일부
석류 예찬론자들은 항암과 노화 방지를 주장하지만 확실한 근거는 없다.
그렇다고 이 먹기 번거로운 과일이 주는 심리적 혜택을 굳이 무시할 것까지는
없을 것 같다.

모로코

아르간나무 ^{Argan}

Argania spinosa

아르간나무는 모로코 남서부와 알제리 일부 지역에서 발견된다. 이 지역에서
아르간나무는 깊은 뿌리로 건조한 토양을 안정시켜 사하라 사막에 맞서는
최후의 보루 역할을 한다. 전형적인 반ᵗ사막 지대 나무로 잎이 작고 가죽처럼
질기며, 가지는 천천히 자라고 울퉁불퉁하며 매서운 가시가 있어 굶주린 초식
동물도 쉽게 접근할 수 없다. 그래서 아르간나무의 높은 가지에 태연히 서 있는
염소의 비현실적인 자태는 당황스럽기 이루 말할 수 없다. 사실 유난히 날렵한
이 동물은 용케 가시를 피해 다니는 법을 배웠을 뿐 아니라 이들이 원하는 것은
아르간나무의 잎이 아니라 열매다.

    아르간 열매는 황금빛이 도는 타원형에 크기가 작은 자두만 하며 때로
한쪽 끝이 길게 자란다. 달콤한 향을 풍기는 과육은 쓴맛이 나는 두꺼운 껍질에
감싸져 있다. 과육도 입술을 일그러뜨릴 정도로 떫기는 매한가지다. 단단한
견과는 식물성 기름이 풍부한 1~2개의 씨를 보호한다. 식용과 미용으로
쓰이는 아르간 오일이야말로 지역 경제의 대들보이자 3백만 명을 먹여 살리는
식량원이다.

    한여름이 되면 말라서 검게 변한 열매가 땅에 떨어진다. 기름을 짜기 위해
사람들은 염소가 배설하거나 먹다가 뱉어 버린 열매까지 모두 긁어모은다.
그러나 염소 냄새가 밴 기름은 수출 시장에서 인기가 없으므로 베르베르족
여성들은 손으로 직접 과육을 제거해 염소에게 먹이고, 두 개의 돌을 이용해
견과를 부순 다음 종자를 꺼내 맷돌에 갈아 반죽을 만들고 치댄 뒤 기름을
짠다. 이 기름은 지중해 국가에서 올리브유를 사용하는 모든 요리에 쓰이고,
아몬드 가루와 약간의 꿀을 넣어 만든 '아믈루^{amlou}'라는 소스의 기본 재료가
된다. 지역에 따라 아르간 오일을 피부병이나 심장병 치료에 사용하거나,
건강식 샐러드 오일 및 모발용 제품, 주름살 방지 크림의 (값비싼) 기본 재료로
사용하기도 한다.

    인간, 염소, 아르간나무의 관계는 다소 복잡하다. 오일 수출로 생긴
부수입이 나무에게 이롭기만 한 건 아니다. 돈을 번 지역 주민들이 전통적인
부의 축적 수단으로 염소를 사기 때문이다. 나무 위의 염소는 보는 이의 눈을
즐겁게 할지 모르지만 수가 너무 많아지면 열매로는 모자라 잎까지 따 먹어
버릴 테니까 말이다.

대추야자 ^{Date Palm}

Phoenix dactylifera

3천 년 역사의 히브리 문학, 아시리아인의 바스릴리프, 이집트의 파피루스에 모두 등장하는 대추야자는 아프리카 동북부와 메소포타미아 사이 어디쯤에서 기원했고 6천 년 동안 중동에서 재배됐다. 지역 문화의 상징이자 최대 3분의 2가 당분인 대추야자는 사막에서 살아가는 사람들의 주식主食이다. 오늘날 대추야자가 가장 흔한 곳이 이집트다. 이곳에서는 1,500만 그루가 자라고 매해 100만 톤의 대추야자를 생산하는데, 놀랍게도 그중 3퍼센트만 수출된다.

　　대추야자에는 목질부가 부족해 나무가 아니라고 주장하는 식물학자들도 있지만, 일반인들에게는 튼튼한 줄기로 스스로 지탱하는 능력만으로도 충분히 나무라고 불릴 만하다. 대추야자는 키가 25미터까지 자라고 줄기에는 오래된 잎이 떨어져 나간 흔적이 있으며 길이가 5미터나 되는 잎을 20~30개씩 달고 있다. 건조하고 뜨거운 여름에 지하수나 물을 대는 시설만 갖춰준다면 150년도 넘게 살 수 있다. 암수가 달라 열매를 맺으려면 수나무의 꽃가루가 암나무의 암꽃까지 가야 하는데, 사람들은 이를 바람이나 곤충에 맡기지 않고 손수 작업한다. 과거에는 일일이 나무를 타고 오르내렸지만 현재는 승강 장치를 이용해 꽃가루를 살포한다. 대개 조직 배양을 통해 복제되거나, 나무 원줄기 밑부분에 흙을 둘러 쌓아 올린 후 거기에서 올라오는 뿌리움을 심어 번식한다. 이렇게 해서 열매를 맺지 않는 나무의 수를 최소로 한다.

　　2005년에 이스라엘의 사해 근처, 마사다의 한 황폐한 요새에서 오래된 대추야자씨가 발견됐는데, 탄소 연대 측정 결과 약 2천 년 전 것으로 밝혀졌다. 여기에 물과 비료를 주고 호르몬을 처리한 끝에 하나가 발아에 성공했다. 이 어린싹은 수나무인데, 현존하는 유일한 유대 대추나무다. 역사가 플라비우스 요세푸스와 대플리니우스에 따르면 특별히 강하고 귀한 대추야자 변종이다. 사람들은 이 나무에 므두셀라(*구약 성경에서 가장 장수했다고 알려진 인물)라는 이름을 주고 네게브 사막의 키부츠(이스라엘의 생활 공동체)에 심었다. 2017년에는 약 3미터 크기로 자라 꽃이 피고 꽃가루를 생산했다. 이제 이 므두셀라 대추야자가 암나무(역시 유대 사막에서 발견된 후 연구자들이 가까스로 발아시켰다)와 짝짓기하는 것이 모두의 희망이다. 그 사이에서 탄생할 새롭고도 오래된 열매가 어떤 유용한 형질을 지니고 있을지 누가 알겠는가?

시 에 라 리 온

케이폭나무 ^{Kapok}

Ceiba pentandra

완전히 성장한 케이폭나무는 거대하고 강렬한 존재다. 아프리카 대륙에서 가장 큰 나무로 20층짜리 건물 높이만큼 솟아오르고, 수관 역시 크고 잎이 무성하다. 어린나무는 줄기가 밝은 초록색이고 구조가 독특해 만지면 매끄럽다. 여러 개의 나뭇가지가 모여 특유의 수평층을 형성하고 표면에 원뿔형 가시가 돋아 있다. 자라는 속도가 빠르고 낮은 가지는 아래로 늘어지며 회색의 원줄기는 풍채가 있고 밑으로 갈수록 뱀처럼 얽힌 판근板根(*판 모양으로 노출된 나무뿌리)이 발달하는데, 이 판근은 사람도 숨을 만큼 크게 자란다. 큰 케이폭나무는 고유한 생물 다양성의 섬을 형성한다. 거대한 가지는 기생 생물을 먹여 살리고 셀 수 없이 많은 곤충과 새의 보금자리가 된다. 개구리는 높은 가지에 고인 작은 웅덩이에 알을 낳는다.

　기나긴 건기에는 잎을 떨어뜨린다. 해마다 꽃을 피우고 열매를 맺는 건 아니지만, 일단 때가 오면 꽃가루 운반자의 주의를 산만하게 하거나 종자가 퍼지는 길을 가로막지 않도록 잎이 나기 전에 열정을 다해 일을 치른다. 벌거벗은 가지를 장식하는 작은 꽃다발은 영락없는 조화처럼 보인다. 연한 노란색에 왁스를 바른 듯 광택이 나고 어제 먹다 남은 우유 냄새를 풍기므로 한밤중에 수고할 박쥐와 나방을 끌어들이기에 손색이 없다. 개화기에는 매일 밤 10리터가 넘는 꿀을 아낌없이 제공하므로 박쥐들은 나무 사이로 20킬로미터나 돌아다니며 성심성의껏 꽃가루를 퍼뜨려 준다. 꽃이 지면 보트 모양의 꼬투리가 나무마다 수백 개씩 달리는데, 익으면 초록색에서 황갈색 가죽질로 변하고 각각 씨가 1천 개쯤 들어 있다. 케이폭씨는 간편하게 기름을 짜는 데도 쓰이지만, 더 중요한 것은 케이폭 섬유다. 꼬투리가 벌어질 때 멀리서 보면, 종자가 누에처럼 들어앉은 고운 털이 수천 개의 솜뭉치처럼 보여 '비단솜나무(명주나무)'라는 별명을 얻었다.

　씨와 섬유는 대개 바람에 의해 운반되지만, 씨 표면에 기름칠이 되어 있고 코르크 구조라 강과 바다에 의한 종자 산포도 가능하다. 아마 케이폭나무는 이런 식으로 맨 처음 아프리카 대륙에 도착했을 것이다. 케이폭나무는 열대 아메리카 원산이지만(과테말라와 푸에르토리코의 상징수) 꽃가루 증거를 보면 서아프리카에서 적어도 1만 3천 년 동안 서식했음을 알 수 있다.

　케이폭나무 목재와 열매의 섬유질은 세포벽이 얇고 표면이 왁스층으로

둘러싸인 속이 빈 미세관으로 되어 있는데, 이런 흔치 않은 구조 덕분에 매우
가볍다. 그러나 진짜 솜뭉치와 달리 방수성이 대단히 뛰어나므로 제2차
세계대전이 끝난 후에도 한참 동안 케이폭 섬유는 구명조끼와 구명튜브의
충전재로 사용됐다. 케이폭 섬유는 물을 아주 싫어하지만 반대로 기름은 좋아해
무게의 40배나 달하는 기름을 흡수할 수 있다. 원유가 유출된 지역 등 물에서
기름을 분리해 내야 하는 상황에 대단히 이상적인 성질의 조합이다. 케이폭
섬유는 종자를 보호하기 위해 항곰팡이 형질이 진화했고, 곤충이나 설치류의
입맛에도 맞지 않아 베개, 쿠션, 매트리스, 그리고 곰 인형의 속을 채우는 재료로
인기가 높았다.

　　케이폭나무는 육체와 정신의 웰빙과 깊은 관련이 있다. 시에라리온
사람들은 여전히 이 나무 아래에서 조상에게 평화와 번영을 기원하고 제물을
올린다. 또한 서아프리카 전역에서 혼령의 거처로 숭배되었다. 생물 간의
유대와 풍성한 그늘 때문에 케이폭나무는 회합의 장소로 애용되며, 전통적으로
치유사들이 공동체의 정신적 문제를 해결하는 (다른 곳에서는 집단 심리 치료라고
불릴 만한) 장소로 사용하기도 한다.

콜라나무 Kola Nut

Cola nitida

콜라나무는 습한 서아프리카 열대 원산이다. 비슷한 두 종이 있는데, 하나는 이파리가 뾰족한 콜라 아쿠미나타*Cola acuminata*이고, 다른 하나는 반짝거리는 콜라 니티다*C. nitida*다. 둘 다 15미터 미만으로 자라는 중간 크기 상록수로 줄기가 곧고 땅딸막하다. 연한 크림색의 화려한 꽃은 꼭짓점이 다섯 개짜리 별 모양인데 중심에 적갈색으로 별빛 같은 광채가 난다. 열매는 약 15센티미터의 울퉁불퉁한 초록색 꼬투리가 익으면서 갈색으로 변하고, 꼬투리가 벌어지면 밤 크기의 매끄럽고 붉은 또는 흰 종자가 한주먹 드러난다. 콜라나무 열매의 효능은 무시무시하다. 커피보다 2배나 많은 카페인(천연 살충제)과 소량의 기타 각성제 및 미량의 스트리크닌(*독성 알칼로이드 물질)이 들어 있다. 현지인들은 이 열매를 습관적으로 씹는데, 첫 쓴맛이 사라지면 달콤함이 진해지면서 세상이 장밋빛으로 보인다고들 한다.

그러나 콜라나무는 불편한 인간사에도 연루되었다. 콜라나무 열매는 식욕과 갈증을 달래 준다고 알려졌는데, 대서양을 횡단하는 노예선에서 노예상들은 노예들이 마실 물에 이 열매의 가루를 섞어 썩은 물을 마시게 했다. 17세기에 콜라나무는 카리브 제도와 아메리카 대륙에 심어졌는데, 노예들은 이 열매를 먹으며 고향을 그리고 배고픔과 고단함을 달랬다고 한다.

수천 년 동안 교역되고 수 세기 동안 재배된 콜라 열매는 아프리카의 국내 시장 경제에도 한몫을 담당했다. 19세기 말까지도 사람들은 지중해 연안과 수단 남부에서 출발해 오늘날 가나와 말리의 시장까지 카라반을 타고 도착한 노예와 콜라 열매를 교환했다. 비슷한 시기에 콜라 열매의 약효 성분이 미국에도 알려지기 시작했다. 1880년대에 콜라 열매는 코카콜라의 원재료 중 하나였다. 한때 코카콜라에는 또 다른 천연 피로 회복제인 코카인을 넣은 적도 있다.

오늘날 콜라 열매는 거의 모든 서아프리카 시장에서 유통된다. 콜라 열매는 만남과 작별의 시간이나 통과 의례를 기념하는 자리에 등장해 분위기를 부드럽게 한다. 어떤 지역에서는 신생아의 탯줄을 콜라나무씨와 함께 묻는 관습이 있는데, 그 나무는 자라 나중에 아기의 재산이 된다. 콜라 추출물은 여전히 '천연 콜라' 음료의 맛을 내는 데 사용된다. 콜라 열매를 볶고 갈아 만든 맛 좋은 '수단 커피'가 카페에는 새로운 수익원이, 농부에게는 새로운 수입원이 되어 이들이 숲을 베는 대신 '기꺼이' 보호하는 미래를 떠올려 본다.

바오바브나무 ^{Baobab}

Adansonia digitata

여러 문화에서 날카롭고 뾰족한 물체는 영어의 F 음이나 K 음 같은
마찰음을, 둥근 물체는 B, M, W 음을 가지는 경향이 있다. 그렇다면
봐봐^{bwabwa}, 므왐바^{mwamba}, 무부유^{mubuyu}, 모와나^{mowana} 등의 이름으로
알려진 바오바브나무가 지구에서 가장 둥글둥글한 나무인 건 당연하다.
바오바브나무는 신기한 생명체다. 모여 자라기도 하지만 대체로 혼자 서 있다.
그리고 최고 수령이 2천 년은 될 것이다. 가장 흔한 바오바브나무는 아단소니아
디지타타*Adansonia digitata*라는 종으로 사하라 이남의 아프리카 사바나
전역에서 흔히 보이며, 다섯 또는 일곱 개의 소엽이 가운데에 손가락처럼 붙어
있다. 이 나무의 독특한 수형에 대한 전설 중에 가장 널리 알려진 것은 신이 하는
일에 지나치게 참견한 바오바브나무에 격노한 창조주가 나무를 내팽개치는
바람에 거꾸로 서 있게 되었다는 이야기다.

　큰 바오바브나무는 높이가 25미터에 이르고 둘레 역시 비슷하다.
비현실적으로 매끄러운 나무줄기는 대부분 속이 비어 있어서 전통적으로
은신처나 창고, 술집, 심지어 임시 감옥으로도 사용되었다. 바오바브나무는
부드러운 과육질의 줄기 안에 수천 리터의 물을 저장한다. 그래서 목마른
코끼리가 찾아와 나뭇조각을 떼어가기도 한다. 또한 나무로는 특이하게 날씨가
가문 정도에 따라 몸집이 눈에 띄게 자라거나 줄어든다.

　길게 늘어진 크고 하얀 꽃은 딱 하루만 피고, 시큼한 냄새가 난다. 꿀이
많지 않은 대신 과일박쥐와 부시베이비(*갈라고, 작은 영장류)에게 엄청난
양의 수술을 먹이로 제공한다. 그러면 이들이 꽃가루로 샤워한 후 여기저기
돌아다니며 퍼뜨린다. 바오바브나무는 대체로 모든 부위가 쓸모 있다. 큰
타원형 열매는 25센티미터나 되는 꽃자루에 대롱대롱 매달린다. 열매의 겉은
갈색에 벨벳 감촉이고 속살은 가루가 뿌려진 타르트 모양이며 비타민 C가
풍부한 청량음료를 만드는 데 쓰인다. 씨는 사람이 커피 대용으로 먼저 채어
가지 않는다면 코끼리나 개코원숭이에 의해 산포된다. 나무껍질의 섬유질을
엮어 깔개나 모자를 만들고, 껍질이 벗겨진 부위는 다시 자란다.

　많은 지역에서 바오바브나무는 죽은 선조들의 자애로운 영혼이 머무는
곳으로 여겨진다. 반대로 사악한 힘과 결탁한다고 믿는 이들도 있다. 어느
쪽이든 이런 미신이 이 특별한 나무를 지켜 줄 것이다.

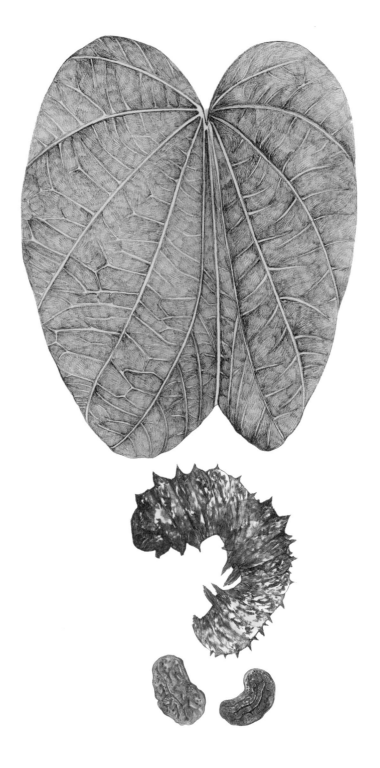

모파인나무 ^{Mopane}

Colophospermum mopane

모파인나무(모파니나무)는 남아프리카 중부 지역에 분포한다. 코끼리와
검은코뿔소를 비롯해 이 대륙에서 가장 중요한 야생 개체군을 먹여 살리며,
사람에게도 식량이 된다. 작은 낙엽성 나무로, 키는 15~20미터이며 비교적
크지 않은 가지는 어릴 때는 매끄럽고 회색이다가 나이가 들면서 주름이 깊이
파인다. 연약한 외양은 속임수일 뿐, 얕은 토양과 진흙에서는 다른 나무를 모두
제치고 가장 우점하는 종이 된다.

　잎은 건기가 끝난 후에 나타나는데, 르네상스 시대의 천사 날개를 닮은
소엽 한 쌍과 그 사이에 흔적만 남은 조그만 세 번째 소엽으로 이루어져 모양이
독특하다. 잎을 빛에 비춰 보면 테레빈유 같은 나뭇진이 들어 있는 작은 구멍이
투명한 점처럼 수없이 박혀 있다. 무더운 날씨에는 빛과 열의 흡수를 줄이고
수분 손실을 낮추기 위해 잎이 날개를 접고 늘어진다. 따라서 모파인나무는
빛이 많이 투과하는 얼기설기한 그늘을 만들어 그 아래에 특유의 관목을
키우고, 이어서 이 관목에 의지해 살아가는 곤충과 새들까지 먹여 살린다.
설치류 및 큰 동물들은 모파인나무 잎이나 열매를 먹고 씨를 퍼뜨린다. 생태계
전체가 모파인 숲이라는 하나의 복잡한 그물망 내에 얽혀 있는 셈이다.

　모파인나무 꽃은 풍매화인데 보통 나무가 촘촘히 모여 자라므로 꽃가루가
목적지에 정확히 닿을 기회를 늘린다. 이러한 이유로, 곤충과 동물을 유혹할
필요가 없는 꽃은 연한 초록색에 작고 보잘것없다. 열매 꼬투리는 잠깐씩
쏟아지는 폭우에 흩어지며 꼬투리 안에는 무늬가 복잡하고 끈끈한 콩팥 모양의
씨가 하나씩 들어 있는데 이는 특히 수분을 오래 머금고 있기 위해 적응했다.

　모파인나무 목재는 단단하고 흰개미가 탐내지 않아 오두막을 짓는
데 사용된다. 물에 띄우면 가라앉을 정도로 밀도가 높아 색소폰이나
클라리넷의 음향목으로도 부족함이 없다. 그러나 모파인나무가 특별한
가장 큰 이유는 수백만 명을 먹여 살리는 식량원이라는 점이다. 엄밀히 말해
식량은 나무가 아니라 거기에 살고 있는 한 생물종에서 온다. 바로 커다란
모판나방*Gonimbrasia belina*이다. 모판나방은 날개를 펼치면 크기가 어린아이
손만 하고, 적갈색 날개와 선명한 눈꼴 무늬로 식별할 수 있다. 나방은 겨울이
끝날 무렵 땅에서 나와 짝짓기를 하고 모파인나무 잎에 알을 낳는다. 여름이면
알이 부화해 유충이 된다. 이 '모판 애벌레'는 먹성이 좋아 잎이 분비하는

진액도 개의치 않고 먹어 치워 6주 만에 몸무게를 4천 배나 늘린다. 그러나 이들이 먹이를 먹는 기간은 다른 종보다 훨씬 짧으므로 나무가 회복할 시간이 충분하다. 애벌레들이 잎을 깡그리 먹어 치운 지 6개월 만에 어린나무에는 원래 있던 자리에 작지만 더 많은 잎이 돋아 다시 무성해진다. 이처럼 모판 애벌레가 나무를 모조리 벗겨 놓았을 때와는 달리 왜 사슴이 뜯어 먹는 잎은 이렇게 빨리 회복되지 못하는지는 아무도 알지 못한다.

　　모판 애벌레는 사람의 가운뎃손가락보다 조금 크다. 초록-노랑 줄무늬에 흑백의 점박이 무늬, 그리고 줄지어 난 작은 가시와 털 덕분에 새들의 눈은 속일 수 있을지 몰라도 배고픈 인간의 눈에는 어림없다. 한 철에 수천 톤의 모판 애벌레가 수확된다. 꼬리 끝을 잡아 엄지손가락으로 머리 쪽을 향해 누르면 반쯤 소화된 잎이 든 찐득한 초록색 점액질이 나온다. 이 애벌레를 소금을 넣은 물에 끓인 후 햇볕에 말려 시장이나 노점에서 파는데, 짭짤한 감자칩 맛이 난다. 말린 채로 먹거나 야채 수프에 넣기도 한다.

　　말린 모판 애벌레는 오랫동안 산지에서 즐겨 찾는 간식이었다. 단백질 함량이 60퍼센트나 되고 지방과 주요 무기질을 포함해 영양이 뛰어날 뿐 아니라 무엇보다 냉장고에 넣지 않아도 몇 개월씩 보관할 수 있으므로 흉년에 요긴한 식량이 된다. 그러나 모판 애벌레의 맛이 점차 널리 알려지면서 국내외 수요 증가(특히 남아프리카 공화국에서)로 나방의 씨가 마르고, 또 손에 닿지 않는 비싼 애벌레를 잡기 위해 큰 나무를 벌목하는 지경에 이르렀다. 현재 수확을 제한하는 여러 조치가 시험 중이다.

모파인나무와 서양회양목 둘 다 단단하고 무거운 목재다. (35쪽 참조)

마다가스카르

부채파초 Traveller's Tree
Ravenala madagascariensis

프랑스보다 면적이 넓은 마다가스카르섬은 자연과학자들의 꿈의 종착지다. 약 1억 5천만 년 전에 아프리카 대륙에서, 인도에서는 9천만 년 전에 떨어져 나왔으며 인간이 정착한 것은 고작 지난 몇천 년 동안이다. 따라서 이 섬의 생물들은 독자적으로 진화했다. 마다가스카르 토종 식물 대부분이 고유종으로 세계의 다른 어떤 곳에서도 자생하지 않는다. 이는 이 섬의 식물과 동물의 관계 역시 고유하다는 뜻이다.

이 섬의 상징인 부채파초(여인목)는 한편으로는 눈부시게 아름답고 또 어떻게 보면 우스꽝스러운, 어쨌든 전반적으로 굉장히 놀라운 식물이다. 최대 길이 3미터, 너비 0.5미터의 거대한 주걱 같은 잎이 대형 부채 모양으로 벌어져 비현실적으로 완벽한 대칭을 이루며 배열된다. 어린나무는 땅에서부터 잎자루가 서로 겹쳐 나며 규칙적으로 엮어 올라가지만, 시간이 지나면 줄기가 곧고 길게 자라면서 촘촘히 겹쳐진 잎의 밑동이 무려 15미터 높이에 이른다. 이 높이에서 나무는 실로 초현실적이다.

1속 1종인 부채파초는 야자나무처럼 보이지만 실제로는 극락조화과 Strelitziaceae의 일원이다. 극락조화과는 남아프리카 원산의 화려한 극락조화를 포함하는데, 이 식물은 이국적인 소재를 좋아하는 정원사들이 애용한다. 극락조화과의 많은 식물이 빨강, 주황색의 꽃과 종자를 화려하게 전시하는데, 이 색에 유별나게 민감한 새들이 기꺼이 꽃가루받이를 자처하고 종을 퍼뜨린다. 그러나 문제는 부채파초의 연노란색 꽃이 질기고 단조로운 베이지-초록색 나뭇잎 한가운데 펠리컨 부리 모양으로 겹겹이 쌓인 포 속에 숨어 있다는 점이다. 과연 이 포를 열고 꽃가루를 전달할 기술자가 있을까? 마다가스카르 고유종인 흑백목도리여우원숭이가 그 일을 해낸다. 이 목도리여우원숭이는 만화에서 방금 튀어나온 것처럼 놀란 표정을 짓고 있는 참을 수 없이 귀여운 동물이다. 주식인 꿀을 풍족하게 제공받는 보답으로 털에 꽃가루를 묻혀 나무에서 나무로 실어 나른다. 현재 목도리여우원숭이는 멸종 위기종이고 따라서 야생에서 부채파초 역시 같은 운명이다.

부채파초 열매는 길이가 8센티미터인 목질의 삭과蒴果로, 마르면 벌어져 숨겨진 보석을 드러낸다. 이 보석은 아마도 세계에서 유일하게 파란색인 씨일 것이다. 청금석처럼 빛나며 시선을 사로잡는 푸른색은 씨를 감싸는 여분의 껍질인 가종피에서 나온다. 씨는 목도리여우원숭이의 눈에 쉽게 띄도록 진화했다. 원원류(原猿類)에 속하는 이 영장류의 전신은 이색시라 파랑과 초록은 구분할 수 있지만 빨간색은 볼 수 없다. 이 동물이 먹은 씨의 일부는 온전한 형태로 배설되어 다음 세대로 거듭난다.

　'나그네의 나무'라는 영어 명칭은 나무의 나침반 기능과 연관이 있다. 부채파초의 나뭇잎 배열이 그리는 호(弧)는, 아마 햇빛에 대한 반응일 테지만 언제나 특정한 방향을 바라본다고 한다. 그러나 아직 확실하게 밝혀진 사실은 아니다(마다가스카르 식물학자들을 대상으로 한 비공식적인 설문 조사와 항공 사진 분석에 따르면 흥미로운 박사 학위 주제가 될 것이다). 나그네와 연관된 두 번째 이유는 물 때문이다. 빗물이 나무의 알파벳 U자 모양으로 맞물린 잎 아래로 흘러내려 가운데에 모이는데, 그 양이 1리터는 족히 된다. 이 물에는 상당한 염분이 있고 온갖 꼬물거리는 생명체가 살지만, 이론적으로는 나무줄기에 관을 꽂아 마실 수 있다(일반 빨대보다는 정수 기능이 있는 생명 빨대를 추천한다!). 극한의 상황에 처한 목마른 나그네들에게 이 나무야말로 구원의 동아줄이 될 것이다.

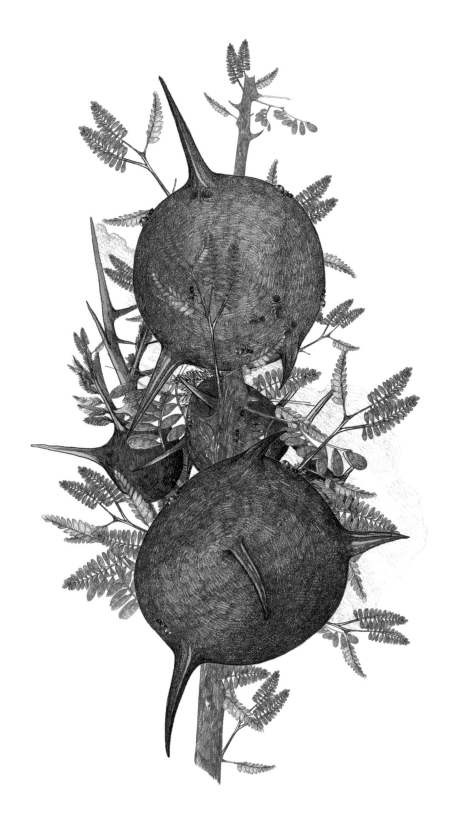

휘파람가시나무 Whistling Thorn

Vachellia drepanolobium, Acacia drepanolobium

휘파람가시나무는 아프리카 동부 사바나 경관에서 흔한 나무다. 멀리서
보면 약 6미터 높이의 평범한 관목이지만 겉으로 보이는 게 다가 아니다.
산들바람이라도 부는 날이면 나무에서 귀에 거슬리는 고음의 휘파람 소리가
들린다. 그렇더라도 초식 동물에게 유혹적인 먹이가 달린 나무치고 잎이
지나치게 무성하지 않은가? 물론 잎 아래쪽에 손가락 길이로 곧게 뻗은 한 쌍의
흰색 가시가 위협적이긴 하다. 이 가시가 초식 동물의 접근을 어느 정도 막아
주겠지만 기린이라면 능숙한 혀 놀림으로 이따위 방어막 정도는 쉽게 피할
수 있다. 코끼리 역시 가시쯤은 아무렇지도 않게 짓밟아버릴 것이다. 그리고
어쨌거나 조그만 곤충에게는 제 몸보다 큰 가시가 별 위협이 되지 못한다.

　　그러나 잘 들여다보면 가시 밑부분이 속이 빈 호두처럼 부풀어 오른
것을 볼 수 있다. 미니어처 스푸트니크호(*구소련이 쏘아 올린 세계 최초의
인공위성)라고나 할까? 이 부푼 가시는 처음엔 부드럽고 보라색이지만, 점점
검은색으로 단단하게 변한다. 거친 구체의 표면에 작은 구멍이 뚫려 있는데 그
구멍으로 공기가 흐르면서 휘파람 소리가 난다. 도대체 이 작은 공과 구멍의
정체가 무엇일까? 나무를 몇 번 두드려 보면 바로 의문이 풀린다. 개미 수백
마리가 이내 방어 태세를 갖추고 가시의 구멍에서 물밀듯이 쏟아져 나온다.
침입자는 곧바로 이 사나운 개미들의 습격을 받는다. 개미 한 주먹 정도면 가장
덩치 큰 초식 동물도 효과적으로 저지할 수 있다. 마을 사람들은 염소가 이
나무 근처에서 서성이다 된통 당한 후로는 같은 나무에 얼씬도 하지 않는 것을
보았다.

　　이 부푼 가시를 보금자리라는 뜻의 '도마티아^{domatia}'라고 부른다. 이미
완공된 훌륭한 저택과 화수분처럼 솟아나오는 달콤한 꿀이 보장된다면 개미가
나무를 방어할 동기는 충분하다. 이 꿀은 에너지원으로는 손색없지만 단백질과
지방이 부족하므로 식단을 보충하기 위해 개미는 죽은 곤충을 찾아다닌다.
이들이 집 밖으로 뱉어내는 찌꺼기는 나무에도 좋은 비료가 된다.

　　풍족한 식량과 근사한 집은 개미들도 절실히 바라는 것이다. 그렇다면 왜
개미들이 이 특별한 나무를 독점하기 위해 싸우는지 설명이 된다. 경쟁자가
점령한 옆 나무에서 가지가 뻗어와 서로 얽히기라도 하는 날이면, 양쪽 나무의
개미들은 치열하게 싸우고, 그 결과 패배한 집단은 제 나무에서 쫓겨난다.

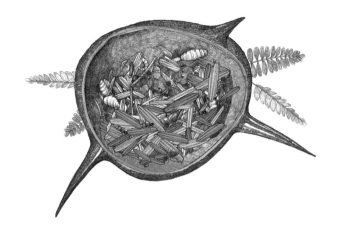

개미들이 나무의 곁눈을 무자비하게 자르고 덩굴을 끊어 애초에 이웃 나무와의 접촉을 차단하려고 애쓰는 것도 당연하다.

독성이 있거나 위험한 동물 중에는 '경고 신호'를 보내는 경우가 종종 있다. 최근에 과학자들은 휘파람가시나무의 가시에서 들려오는 휘파람을 음성 경고의 한 예로 제시했다. 방울뱀의 경고성 방울 소리처럼 휘파람이 위험 신호가 되어 코끼리가 어둠 속에서 실수로라도 나무를 밟아 뭉개는 일이 없게 예방한다는 것이다.

그러나 역설적이게도 나무는 적어도 가끔은 공격을 받아야 건강하게 살아남는다. 나무가 꿀을 만들려면 에너지가 많이 소비되므로 주위에 대형 초식 동물이 없으면 자연스럽게 꿀의 양과 가시의 수를 줄인다. 그러면 개미는 꿀을 대체하기 위해 달콤한 감로를 배설하는 진딧물을 '사육'한다. 그러나 이 달콤한 먹거리를 욕심낸 다른 개미 종이 수비가 약해진 틈을 타 나무를 차지한다. 하지만 새로 입성한 개미는 초식 동물을 적극적으로 막아 주지 않을뿐더러 해충인 나무좀이 만든 구멍에서 혜택을 받는다. 따라서 일반적인 예상과는 달리 대형 초식 동물이 없으면 나무로서는 개미 군대를 잘 대접할 필요가 없고 그러다 보니 결국 다른 곤충이 나무를 병들게 한다. 아픈 나무는 열매와 씨를 덜 맺을 것이고 결과적으로 후손을 적게 남긴다. 이와 반대로 나무 주위에 초식 동물이 어슬렁대면 나무는 개미의 경호가 필요하고, 그러려면 꿀을 많이 만들어야 하고 그 말은 열매와 씨를 만드는 데 필요한 귀한 자원이 낭비된다는 뜻이다. 결국 자연은 균형 작용이다.

님나무도 영리한 방식으로 자신을 수비한다.(122쪽 참조)

휘파람가시나무 ✳ 콩과

소말리아

유향나무 ^{Frankincense}

Boswellia sacra

오만과 예멘의 메마른 땅, 그리고 소말리아 북부의 열악한 산악 지역은
유향목속*Boswellia* 나무들의 영역이다. 이 나무들은 키가 겨우 몇 미터
정도이고, 대개 역피라미드 형태를 띤다. 부드러운 수피는 종이처럼 얇고
잘 벗겨지며 뒤엉킨 나뭇가지 끝에 잎이 다발로 모여 난다. 줄기 아래가
쿠션처럼 부풀어 가파른 절벽의 바위 끝에서도 잘 자라는데, 이는 해로운
동물을 피하는 유용한 방법이다. 겨울에 흩날리는 꽃은 아름답기 그지없다.
꽃은 다섯 개의 크림색 꽃잎과 열 개의 옅은 수술이 중심을 둘러싸는데,
꽃의 중심부가 노란색에서 진한 붉은색으로 변하면서 꽃가루 운반자들에게
작업이 잘 끝났으니 이제 다른 꽃으로 떠나라는 신호를 준다. 나무에 상처가
나면 흰색 또는 연한 노란색의 유향이 눈물처럼 흘러내리는데, 이 나뭇진과
수용성 고무진의 혼합액은 특수한 도관에서 흘러나와 흰개미와 다른 곤충들의
접근을 막는다. 나무를 벌겋게 단 숯 위에서 가열했을 때 신선한 발사믹 향내를
발산하는 것이 바로 이 물질이며 이것 때문에 유향목속 식물이 유명해졌다.
사람들은 나무껍질을 벗겨 나무가 억지로 눈물을 흘리게 하는데, 이렇게 유향
액체를 받아 구강 청결제로 사용하기도 하지만 대부분 수출한다. 유향은 세계의
가장 빈곤한 지역에서 나오는 가장 가치 있는 물자다.

　　유향과 몰약(또 다른 나무의 진액)은 이미 기원전 2500년경에 남아라비아
무역에서 귀한 상품이었다. 당시에는 고대 이집트인들이 시체를 방부 처리할 때
나무 진액을 사용했다. 이들은 살균 효과가 있고 향이 있는 유향을 '땅에 떨어진
신들의 땀'으로 여겼다. 기원전 1500년경 아마 세계 최초로 제국 차원에서 식물
원정이 시도됐을 때, 이집트 여왕 하트셉수트는 유향목 수입 비용을 절감하기
위해 그들의 땅인 테베에서 시험적으로 유향목을 재배했다. 사원의 벽에 새겨진
내용에 따르면, 여왕은 각각 30명의 일꾼이 노를 저어 움직이는 갤리선 다섯
척을 '펀트의 땅^{Land of Punt}(아프리카의 뿔, 즉 소말리아 반도로 생각됨)'으로 보내 향이
나는 나무를 가져오게 한 다음, 나일강 상류의 카낙이란 곳에 심었다. 나무는
이집트에서 잘 자라지 못했고, 펀트와 아라비아 남부는 계속해서 나뭇진의
유일한 공급원이 되었다.

　　유향목에 열광한 민족은 이집트인만이 아니었다. 덧붙여 기원전 약
1000년 무렵에는 육로를 통해 아라비아 남부 및 소말리아 반도에서 지중해와

메소포타미아 지방으로 이어지는 '향료의 길'이 점차 틀을 갖추었다. 삼엄한 경비 속에 대규모 낙타 대상들이 이 길을 횡단했는데, 이들은 전략적으로 자리 잡은 요새와 휴식처에서 후원을 받았다. 그리스 지리학자 스트라본은 이 길을 이동 중인 군대에 비유했고, 서기 약 50년에 대플리니우스는 아라비아 남부 민족들을 '세상에서 가장 부유한 민족'이라고 부러워했다. 이 지역은 '아라비아 펠릭스 Arabia felix', 즉 '행복한 아라비아'로 알려졌다. 아기 예수에게 유향을 선물로 바치던 시기에 이것은 황금 이상의 가치가 있었으며 권위 있는 학자의 말을 빌리면 지구에서 가장 귀한 물질이었다.

그러나 '향료의 길'은 점차 중요성을 잃어갔다. 그 시작으로 로마 선원들이 이 길을 거치지 않고 바다를 통해 직접 생산자와 교역했다. 다음으로 서력기원이 시작할 무렵에 강수량이 감소하면서 굶주린 동물들이 먹을 것을 찾아 이미 스트레스를 받은 나무에 더 큰 상처를 입혔다. 마지막으로 서기 4세기 말에 기독교 국가인 로마 제국 황제 테오도시우스가 가정의 수호신에게 향을 바치는 이교도의 관습을 금지하면서 향료의 길은 쇠락한다.

고대 프랑스어로 '선택받은 향'이라는 뜻의 'franc encens'가 유향을 뜻하는 현대어 '프랑킨센스 frankincense'의 기원이다. 수천 년 동안 바빌론, 이집트, 유대, 그리스에서는 모두 자신들의 사원에 피울 향을 필요로 했다. 비록 '종교적인 용도'라는 말은 당시에 훨씬 넓게 정의되었을 테지만 말이다. 성경 「아가서」에 나오는 유향목은 분명 최음제, 그리고 성적 환희를 암시한다. 오늘날에는 농축된 유향(적어도 5천 년 동안 나무에서 채취한 물질)의 향기에 취하려면 상류층 시장의 수요가 많은 페르시아만 8개국 또는 가톨릭 및 그리스 정교회의 예배당을 찾아가야 한다.

마로니에도 꽃의 색을 바꿔 꽃가루 운반자에게 신호를 준다. (40쪽 참조)

　　　　　　　　　　　　　　　　　　　유향나무 ✽ 감람과

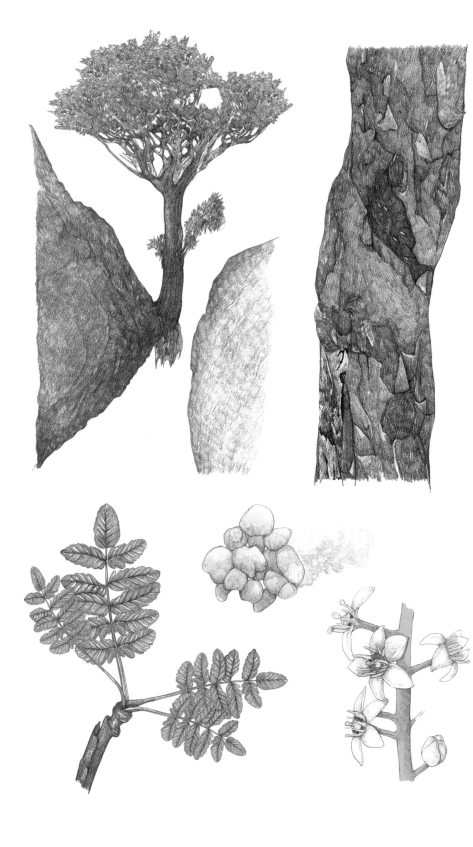

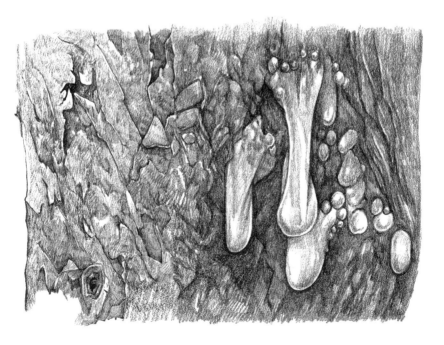

코코드메르 Coco-de-mer
Lodoicea maldivica

17세기에 유럽 항해사들이 인도양에서 목질로 된 물체가 떠다닌다고
보고했는데, 크기와 모양이 마치 유혹적인 넓적다리와 맵시 있는 볼기로
이어지는 여성의 굴곡진 골반과 비슷하다고 했다. 사람들은 물속에서 자라는
쌍 코코넛, 그러니까 '코코드메르'라고 추정했다. 코코드메르는 귀하기도
하거니와 성기능을 개선하고 독을 중화시킨다고 알려지는 바람에 통치자들의
전유물이 되었다. 동인도에서는 하위 계급층이 소유하는 것조차 불법이었고,
1750년대에는 하나당 값이 무려 400파운드(현재 한화로 약 1억 원)에 이르렀다.
약 10년 뒤, 코코드메르가 세이셸의 야자나무에서 자라는 것이 발견되었고,
이후 열정적인 항해자들이 숲을 모조리 털어 대량 유통시키면서 어느 정도
부유한 수집가들도 코코드메르를 손에 넣을 수 있게 되었다.

　　현재 자생하는 개체군은 세이셸의 프라슬랭섬과 큐리어스섬에 서식하는
몇천 그루에 불과하다. 코코드메르는 800년을 살면서 키가 무려 30미터까지
자란다. 암수딴몸이며 암수가 종종 짝을 지어 자란다. 수나무에는 수천
개의 작고 노란 꽃이 팔 길이 정도의 남근처럼 생긴 꼬리꽃차례를 이룬다.
암나무에는 야자나무 중에서 가장 큰 꽃이 필 뿐 아니라, 초록색 껍질을 가진
열매 역시 어마어마하게 크다. 드메르 아씨와 나리는 매력적인 커플로, 여전히
현지인들은 밤에 코코드메르 숲에 함부로 들어가 이들의 사랑의 행위를
방해했다가는 큰일을 당한다는 미신을 믿는다. 그러나 실은 나무에서 떨어지는
열매에 맞지 않게 조심하라는 뜻일 것이다. 열매마다 세상에서 가장 무거운
씨앗이 하나씩 들어 있는데, 무게가 족히 30킬로그램이 넘는다.

　　어쩌다 열매가 이렇게 무거워졌을까? 약 7천만 년 전, 코코드메르의 조상
역시 커다란 종자를 가졌지만 당시엔 그만큼 거대한 동물, 아마도 공룡에 의해
산포되었을 것이다. 그러다가 세이셸섬이 인도 대륙에서 멀어지면서 나무는
대형 동물로부터 격리되었고 종자는 나무에서 떨어진 그 자리, 즉 부모의
어두운 그늘 아래에서 싹을 틔우는 상황에 적응해야 했다. 그러나 코코드메르는
영양분이 충분한 종자 덕분에 빛에 먼저 도달해야 하는 경주에서 유리했고
다른 종보다 훨씬 우세했다. 어느덧 동종의 개체만 우글거릴 뿐 외부 경쟁자가
없는 상태에서 순수한 형제자매 간의 경쟁이 시작되었다. 결국 가장 커다란
종자를 생산하는 나무가 승자가 되었고 종자는 점점 더 커졌다. '섬 거대화'라고

알려진 이 현상으로 갈라파고스에서는 코끼리거북이, 플로레스섬에서는
코모도도마뱀이 진화했다.

코코드메르 잎은 아주 커다란 부채 모양이라 몇 개만 있어도 집의 지붕을
잇기에 충분하다. 잎은 물과 영양분을 모아 줄기 아래로 흘려보내 뿌리까지
흐르게 한다. 이것은 경쟁자가 빛, 영양분, 물을 얻지 못하는 동안 서둘러
열매를 키우게 했겠지만, 코코드메르는 어린나무가 어미와 경쟁하지 않도록
보다 확실한 대비책을 만들어야 했다. 꽉 채운 여행 가방처럼 무거운 열매가
땅으로 곤두박질친 후에는 웬만해서는 꿈쩍하지 않을뿐더러 섬에는 이들을
운반할 만한 동물도 없고, 또 코코드메르는 코코넛 열매와 달리 바닷물에서는
살아남을 수 없다. 그래서 코코드메르는 다른 방식을 찾았다. 열매가 떨어져
최소 6개월이 지나 껍질이 썩으면 열매의 '가랑이' 부분에서 연한 노란색의 밧줄
같은 싹이 돋는데, 그 끝에는 어린나무가 될 배아가 들어 있다. 이 싹은 땅속 약
15센티미터 깊이에 자신을 묻고 수평으로 어미나무에서 약 3.5미터 떨어진
곳까지 자란다. 어미나무와 경쟁하지 않아도 되는 거리다. 그런 다음 비로소
배아에서 진짜 싹을 틔우고 동시에 뿌리를 아래로 내리면서 열매로부터 수년간
영양분을 공급받는다. 나무는 또한 지하에 체 같은 구조를 형성하는데, 뿌리가
그것을 통과해 자라면서 닻의 역할을 한다. 수백 킬로그램의 종자들을 매달고
있어야 하는 나무로서는 매우 유용한 장치가 아닐 수 없다.

카자흐스탄

야생사과 Wild Apple

Malus sieversii

DNA 분석 결과, 우리가 먹는 모든 사과의 조상이 카자흐스탄 동부 '천상의 산맥'이라는 뜻을 가진 톈산 산맥의 숲이 우거진 산비탈에서 자생하는 야생 사과나무라는 사실이 밝혀졌다. 이 나무는 우리에게 친숙한 여러 사과 후손이 가지는 특징을 공유한다. 낯익은 잎사귀는 물론이고 풍성하고 향기 그윽한 흰색 또는 분홍 기가 도는 꽃은 암수한몸이라 두 성이 모두 한 꽃에 존재한다. 그러나 자가 수분하지 못하므로 꽃가루받이를 하려면 다른 나무가 필요하다. 꽃자루 끝이 부풀어 열매(이과)가 된 후에도 꽃의 잔해는 열매 밑바닥에 남아 있다. 그러나 조상인 야생사과와 재배된 후손의 유사성은 여기까지다. 야생 사과나무는 단일종임에도 불구하고 크기나 모양이 대단히 다양하고 많은 개체가 (놀랍게도, 그리고 불편하게도) 키가 크다. 꿀, 아니시드, 견과류의 독특한 맛이 나는 크고 달콤한 사과라면 어느 마트에 진열되어도 손색이 없겠지만, 안타깝게도 이 맛있는 사과는 같은 나무의 옆 가지에서 딴 작고 시큼한 사과와 함께 자라므로 구별이 어렵다.

사과는 아마 5천~1만 년 전에 이 지역에서 처음 재배되었거나 적어도 의도적으로 심어졌을 것이다. 차츰 가장 바람직한 형질을 가진 사과가 실크 로드를 따라 서쪽으로 이동하기 시작했다. 온전한 채로 말의 몸속을 통과하거나 발굽에 밟혀 흙이나 변에 다져진 채 멀리 이동한 뒤 번성했다. 사람들은 말을 타고 이동하는 길에 고향에서 싸들고 온 가장 맛 좋은 사과를 먹고는 다 먹은 사과 심을 무심결에 던져 버렸을 것이다. 거기서 자란 사과나무는 타가수분했겠지만, 여전히 열매는 높이 열려 손에 닿기 힘들고, 달거나 신맛이 들쑥날쑥했다. 사과씨에서 자란 나무는 대체로 어미를 닮지 않았고 열매의 맛도 종잡을 수 없었다.

그러다가 아마도 기원전 1800년 무렵 메소포타미아에서, 확실하게는 기원전 300년쯤 고대 그리스에서 접목 기술이 개발되었다. 바람직한 열매가 열리는 나무의 가지를 잘라 키 작은 나무에서 가져온 '난쟁이' 대목에 접을 붙이자 자연이 우연히 만들어 낸 어떤 맛있는 열매라도 실패 없이 다시 만들어 낼 수 있고, 또 훨씬 수월하게 열매를 딸 수 있는 나무가 탄생했다. 이것이 현대의 사과나무가 번식한 방법이다.

수백 년 동안 사과는 맛과 크기를 개량하기 위해 반복적으로 교배되어

야생사과 ＊ 장미과

110

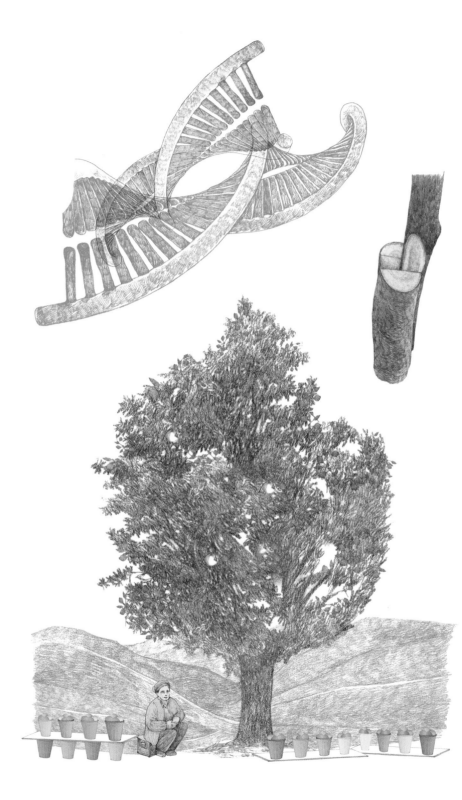

수백 가지 황홀하고 다양한 품종을 낳았다. 안타깝게도 세계 농업 시장은 몇십 가지 재배종과 약 10개의 복제된 대목에만 관심이 있다. 가까운 인척 간에 근친 교배가 이루어지면서 사과의 유전 다양성은 서서히 그러나 명백히 자취를 감추고 있다. 이러한 현상의 문제점은 새로운 형질(살충제가 필요 없는 질병에의 내성, 새로운 맛, 긴 저장성, 지연된 수확 시기, 수확의 용이성, 가뭄에 잘 견디는 성질 등)이 필요할 때 드러난다. 위에서 말한 다양한 형질을 지니고 있었을지도 모르는 유전자가 오늘날의 재배종에는 더 이상 없다. 이것이 현대 사과의 야생 친척을 반드시 확보해야 하는 이유다. 중앙아시아 산비탈에서 자라는 이 야생사과는 우리가 잃어버린 유전 정보를 갖고 있기 때문에 여기에서부터 다시 재배와 교배를 시작해야 한다. 야생사과 개체군은 중앙아시아에 흩어져 자란다. 그리고 수집된 종자가 종자 은행에 저장되어 있긴 하지만, 서식처 소실과 유전자 희석(시장을 잠식한 상업적 품종 간의 타가 수분의 결과다)으로 인해 위험에 처했다.

　　사과는 문화적, 심지어 종교적으로도 중요하다. 구약 성경 속의 이브가 따먹었던 선악과는 포도, 석류, 무화과, 심지어 레몬 중 어느 것도 될 수 있지만 대개 사과로 표현된다. 살구, 견과류, 자두, 배는 물론이고 사과의 전신들로 활기 넘치는 톈산의 숲은 상업적으로 중요하다. 그러나 이 숲은 또한 현대판 에덴동산으로 값을 헤아릴 수조차 없이 소중한 유전 정보의 요람이다. 숲은 자신의 권리를 보호할 가치가 있다.

뽕나무 역시 실크 로드와 밀접한 관련이 있다. (130쪽 참조)

　　　　　　　　　　　　　　　　　　　　야생사과 ❋ 장미과

다후리아잎갈나무^{Dahurian Larch}, 시베리아잎갈나무^{Siberian Larch}

Larix gmelinii, Larix sibirica

지구에서 가장 큰 숲은 전체 숲의 약 3분의 1을 차지하는 북쪽 지방의
침엽수림으로 열대 우림이 초라해 보일 만큼 넓다. 북극권을 감싸고 알래스카와
캐나다 북쪽을 가로지르며 시베리아에서만 거의 789만 제곱킬로미터 면적에
달하는 이 숲을 타이가라고 부른다. 이곳에는 필수적인 생물량과 방대한 탄소가
저장되어 이 지역의 계절 변화에 따라 세계의 이산화탄소와 산소량이 눈에 띄게
요동친다. 이런 곳이 바로 잎갈나무의 왕국이다.

러시아의 거대한 예니세이강은 몽골에서 북극해에 이르기까지
3,200킬로미터를 흐르며 시베리아 땅을 둘로 가른다. 강의 서편에는
시베리아잎갈나무(시베리아낙엽송)*Larix sibirica*가 핀란드까지 이어지며 경관을
주도한다. 강의 동쪽은 땅끝의 캄차카 반도까지 시베리아잎갈나무의 가까운
형제인 다후리아잎갈나무*L. gmelinii*의 영역이다. 두 종은 매우 비슷하게
생겼지만, 가지 위에 곧추서는 붉은 구과로 구분할 수 있다. 시베리아 구과는
부드러운 털로 덮여 있고 다후리아 구과는 실편이 바깥쪽으로 살짝 굽었다.
잎갈나무의 바늘잎은 가늘고 부드러우며, 수평의 가지 위에 10여 개가
한꺼번에 다발로 난다. 수피는 어릴 때는 은회색이다가 나이가 들면서 붉은
갈색으로 변하고 두꺼워지며 주름이 패인다. 반면 은밀한 속껍질은 선명한
적갈색이다.

시베리아는 기온의 연교차가 100도를 넘는 대단히 살기 힘든 곳이다.
시베리아 남부에서 이 침엽수는 30미터 이상 자라지만, 북극권 가까이에서는
성장이 저하되어 간신히 5미터에 이른다. 이 지역의 특징인 짧고 매서운
봄이 지나면 서리가 내리지 않는 2~3개월이 이어지는데, 이때는 기온이 섭씨
30도를 웃돈다. 겨울은 혹독하다. 어떤 지역에서는 12~3월까지 월평균 기온이
영하 40도이고, 추운 밤에는 영하 65도 이하로 떨어진다. 지표 밑으로 깊이
내려가지 않아도 영구동토층(단단히 얼어붙어 뚫을 수 없는 땅)이 흔하게 나타난다.
세계에서 가장 추위에 강하고 북쪽 끝에서 자라는 나무인 다후리아잎갈나무는
저만의 방식으로 타이가를 가로지르는 광대한 숲에서 번성했고 어떤 종보다도
우세하다.

시베리아에 서식하는 잎갈나무는 매서운 추위와 물이 부족한 환경에
적응했다. 좁은 원추형의 수형은 눈을 쉽게 떨어내 가지가 부러지는 것을

방지한다. 바늘처럼 생긴 잎은 표면적이 작아서 증발량을 줄이고 표면의 왁스 코팅 또한 탈수를 방지한다(미세한 왁스 입자가 파장이 제일 짧은 태양광을 산란하기 때문에 푸른 기가 돈다). 침엽수로는 특이하게 잎갈나무는 낙엽성이다(*한국에서는 잎갈나무를 낙엽송이라고도 부른다). 여름이 물러가는 시기에 잎갈나무는 아름다운 황금색으로 변하면서 바늘잎을 떨어뜨리고, 그래서 수분 손실을 더욱 줄인다. 가을에는 두꺼운 나무껍질과 목질부에 털펜틴을 축적하고, 물을 다양한 당의 형태로 대체하여 (그렇지 않으면 세포 안에서 물이 얼어 세포막을 파열시킬 가능성이 있다) 부동액을 이용한 생화학적 조정이 일어난다. 만약 다후리아잎갈나무의 큰 뿌리가 영구동토층을 만나면 죽어 버리고, 남은 생애 동안 나무는 아직 완전히 얼지 않은 상층부 토양에 뿌리를 아주 얕게 내리고 최대한 버틴다.

　19세기에 러시아 사람들은 시베리아잎갈나무 나무껍질로 섀미 가죽 장갑에 견줄 만한 고급 장갑을 만들었다. 현재 잎갈나무 목재는 흔히 건물을 짓는 데 쓰이고 목재 피복, 보트 제조, 베니어판, 그리고 종이를 만드는 펄프의 원료로도 사용된다. 핀란드와 스웨덴에는 커다란 잎갈나무 플랜테이션이 있는데 시베리아 동북부 지역보다 훨씬 접근이 쉽다.

　특이한 점은 극한 기온에 그토록 강하게 맞서 온 이들이 막상 기온이 상승할 때는 잘 대처하지 못한다는 사실이다. 서부 유럽에서 어중간하게 시작된 봄기운에 속아 싹을 일찍 틔우면 서리 피해를 보기 쉽다. 잎갈나무는 불확실성만 빼고 어떤 것도 버텨 내는 것 같다.

캐슈나무 Cashew

Anacardium occidentale

캐슈나무는 브라질 원산으로 수백 년 동안 원주민들이 재배하다가 포르투갈
식민지 개척자들이 이 나무의 숨은 가치를 깨닫고 17세기에 제국 전체에
퍼뜨렸다. 이렇게 해서 캐슈나무는 브라질을 떠나 아프리카 동부의 모잠비크와
인도 서해안의 고아주에 상륙하게 되었다.

　　캐슈나무는 상록성으로 잎이 무성하고 가지가 넓게 퍼지며 잎사귀가
가죽처럼 질기다. 농부들의 편의를 위해 난쟁이나무로 교배하지만
원래는 15미터까지 자란다. '진짜' 열매인 캐슈너트는 난세포를 포함하는
씨방에서 자라고, 그와 동시에 꽃자루가 발달해 마치 열매처럼 부풀어 오른
'캐슈사과'가 열린다. 작은 서양배 정도 크기의 이 '사과'는 투피족이 '입술을
일그러뜨리는'이라는 뜻의 '아카주acaju'라고 부르는 것에서 알 수 있듯이 아린
맛이 있긴 하지만 먹는 데 문제는 없다. 이 '사과'가 씨를 퍼뜨리기 위해 동물을
유인하는 역할을 담당하고, 정작 씨앗인 캐슈너트는 마치 초소형 권투 장갑처럼
가짜 열매 밑에 매달려 있다가 매서운 펀치를 날린다. 단단한 캐슈너트는
지독한 부식성 기름 성분이 함유된 두 겹짜리 껍질층에 싸여 있는데 카르돌과
아나카르드산 때문에 피부에 닿으면 곧바로 물집이 생기고 붓는다. 이는
캐슈나무와 함께 옻나뭇과에 속한 포이즌아이비에서 발견된 것과 비슷한
효과를 가진 독성 물질이다. 이 기름은 종자를 보호해 땅에 떨어져도 먹히지
않고 아주 빨리, 그러나 어미나무와 경쟁하지 않을 정도로 멀리 옮겨 가게 한다.

　　사람이 먹으려면 증기를 쐬어 껍질을 열고 구워서 ('날'견과류는 반드시
익혀야 한다) 남아 있는 독성을 모두 제거해야 한다. 사람들은 캐슈너트가 훌륭한
식량이 된다는 사실을 처음으로 발견한 투비족과 아라와크족 사람들의 창의적
사고와 절실함에 경의를 표한다. 아주 고통스러운 시행착오 끝에 알아냈을
테니까 말이다. 고아 사람들은 캐슈사과를 증류해 페니fenny라는 강한 독주를
만든다. 독하다고는 해도 캐슈너트를 보호하는 부식성 기름과 비교하는 것이
공평하지는 않을 테지만.

브라질나무 또한 포르투갈과 깊은 인연이 있다.(184쪽 참조)

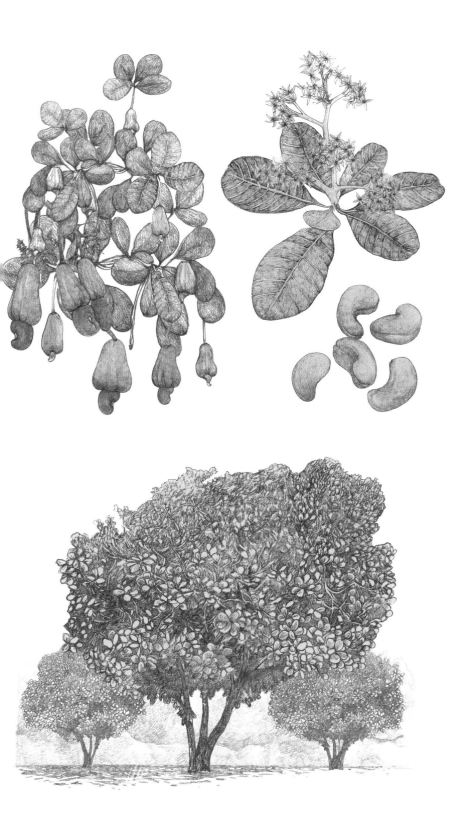

반얀나무 ^{Banyan}

Ficus benghalensis

이 나무의 생물학적 형제이자 상징적 남성 배우자인 인도보리수(124쪽
참조)처럼 반얀나무(벵골보리수, 벵갈고무나무)도 인도 아대륙 원산이다.
사원에서는 경외의 대상이고 마을에서는 회합의 장소다. 반얀나무는 지구에서
수관이 가장 큰 나무. 이 나무의 영어명인 '반얀^{banyan}'은 상인을 뜻하는
일반어인 'banian'에서 왔는데, 아마 북적거리는 장터 전체가 단 한 그루의 나무
아래에서 그늘을 얻었을 것이다.

　　이 거인은 다른 나무의 축축한 틈 속에서 새, 박쥐, 원숭이가 놓고 간 비료
덩어리와 함께 삶을 시작한다. 착생 식물로 생을 출발하지만 숙주는 지지대로만
사용하고 영양분과 물은 주변에서 직접 얻는다. 작은 싹이 가느다란 뿌리를
땅으로 급하게 뻗어 내리면, 그 뿌리는 다시 위쪽으로 자라는 나무의 공급원이
된다. 이들은 엄청난 규모로 확장한다. 어느새 숙주의 줄기를 감고 돌면서
숙주와 하나가 되어 (또는 문합^{anastomosis}) 두껍고 부드러운 회색 그물을 짠다.
마침내 숨통이 조인 숙주가 말라 죽으면 반얀나무의 공기뿌리(기근)에는 한때
죽은 나무가 살았던 자리에 구멍이 생겨 인상적인 구속복이 된다. 18, 19세기
탐험가들의 이야기 속에 등장하는 '옭아매는 무화과^{strangler fig}' 역시 반얀나무의
일종으로, 열렬한 서구 청취자들에게 이국적이고 치명적이면서도 거부할 수
없이 아름답게 장식된 동양의 본보기가 되었다.

　　다 자란 반얀나무는 가지에 매달린 섬세한 공기뿌리를 커튼처럼 드리운다.
이 뿌리가 땅에 닿으면 위를 향해 자라는 나뭇가지를 먹이고 떠받치기 위해
일부가 땅속에 파고들어 엄청나게 굵은 받침뿌리(*지주근: 공기뿌리의 일종으로
식물을 옆에서 떠받쳐 쓰러지는 것을 막는다)를 만든다. 이런 방식으로 반얀나무는
방대한 영역에 걸쳐 바깥쪽으로 확장할 수 있다. 아난타퍼와 콜카타 지역의
반얀나무가 한 그루당 차지하는 넓이가 각각 1.8헥타르라는 기록을 세웠는데,
수천 개의 받침뿌리가 받치고 있고, 둘레만도 0.8킬로미터 이상이다.

케이폭나무 또한 마을의 전통적인 회합 장소였다.(86쪽 참조)

　　　　　　　　　　　　　　　　　　　　반얀나무 ✻ 뽕나뭇과

인도

빈랑나무 Areca Palm, Betel-nut Palm

Areca catechu

빈랑나무는 30미터나 자라는 나무치고 진짜일까 싶을 정도로 줄기가
가늘다. 줄기의 특징인 가로띠는 잎이 떨어진 흔적이며, 마치 원반을 쌓아
놓은 탑처럼 생겼다. 사치스럽게 다발로 달린 짙은 주황색 열매(빈랑자)는
크기가 커다란 육두구(넛맥)만 하고, 전체가 대리석 무늬로 장식된 종자를
생산한다. 빈랑나무가 인도에서 열대 아시아를 가로질러 피지섬에 이르기까지
플랜테이션에서 대량 재배되는 이유가 바로 이 견과 때문이다. 연간 세계 빈랑
생산량은 100만 톤이 넘는다. 인도가 그중 약 3분의 2를 소비한다.

빈랑의 맛은 시트로넬라와 정향을 연상시킨다. 여기에 석탄산 소독제의
느낌과 함께 넉넉하게 들어간 타닌의 떫은맛으로 마감한다. 그러나 맛은 두
번째다. 빈랑에는 아레콜린과 기타 알칼로이드 물질이 들어 있는데, 이 성분은
열매를 씹었을 때 입안의 점막을 통해 쉽게 흡수되며 가벼운 행복감, 고조된
경계심, 그리고 마음이 느긋해지는 온기를 준다. 아시아 전역에서 매일 수천만
명이 빈랑을 섭취하는데, 대부분 사회적 윤활제로서 그리고 종종 식후 무기력
상태에서 벗어나기 위한 소화제로 쓰이며 (불안하게도) 장거리 대형 트럭
운전사들이 습관적으로 빈랑을 씹고 다닌다.

인도에서 빈랑은 '판왈라'라는 전문적인 노점상에서 판매된다. 이들은 빈랑
열매를 깎아 낸 부스러기를 베틀후추*Piper betle*의 하트 모양 잎으로 잘 싼 다음
거기에 소석회(재에서 추출한 것으로 약 성분이 잘 우러나게 하는 혼합 알칼리 물질을
만든다)를 약간 첨가한다. 눈길을 끄는 단지와 약병 뒤에 자리 잡은 판왈라는
손님에게 친근하게 말을 걸면서 장뇌, 계피, 카다멈, 담배맛 빈랑을 권한다. 한
점을 입에 넣고 씹으면 색이 주홍색으로 바뀌고 엄청나게 침이 고이므로 삼키지
못하고 뱉게 된다. 놀랍도록 청량한 느낌이 입안에 퍼지지만 거리는 핏빛
침으로 물든다. 립스틱이 발명되기 이전에는 빈랑을 이용해 입술을 유혹적인
붉은색으로 물들였다. 그러나 빈랑을 오래 씹으면 치아 색이 짙어지다가
결국 검어진다. 19세기에 시암(현재의 타이)에서는 검은 이빨이 성적 매력을
높인다고 생각해서 틀니를 검은색으로 제작했다는 설도 있다. 시대에 따라
유행도 천차만별이다. 인도에서는 여전히 빈랑 소비량이 증가하고 있지만 다른
지역에서는 큰 변동이 없다. 시장에서 좀 더 공격적인 마케팅이 이루어지는
담배가 빈랑을 대체하기 때문일 것이다.

인도

님나무 ^{Neem}
Azadirachta indica

수백만 그루의 님나무(인도멀구슬나무)가 서 있는 풍경은 인도의 시골에서 흔한 특징이다. 이 매력적인 키 큰 상록수는 건조한 지역은 물론이고 황무지에서도 반가운 그늘을 제공한다. 님나무는 벌꿀 향이 나는 작고 하얀 꽃을 피워 꿀벌을 끌어들인다. 연둣빛이 도는 노란 올리브 같은 열매로는 기름을 짠다. 님오일은 전통 의학과 민속에 자주 등장한다. 님나무는 거의 모든 질병에 민간요법으로 사용되는데, 마치 유대인의 닭고기 수프, 동남아시아인들의 호랑이 연고처럼 사랑받는 만병통치약과 유사하다. 수백만 명의 인도인들은 칫솔 대신 작은 님나무 가지를 씹는다. 님나무 잎은 가장자리가 톱니 모양인 특징이 있다. 초라한 마을로 들어서는 입구에 마을을 지키기 위해 줄에 매달아 걸어 둔 님나무 잎이 나풀거린다.

그렇다면 과연 님나무에 관한 소문이 근거 없는 미신인지, 과학적인 근거가 있는 것인지 묻지 않을 수 없다. 현대의 연구 결과에 따르면, 님나무 추출물에는 다양한 항미생물 화합물이 들어 있으며, 효험이 있다는 주장의 상당수가 충분한 근거를 지닌다. 그러나 님나무의 탁월함은 곤충의 행동을 조정하는 능력에 있다.

곤충들은 대개 나무를 먹을거리로 생각하고 접근하지만 나무는 도망치거나 숨을 수 없으므로 동물에게 먹히지 않기 위해 많은 방어 체계를 개발해 왔다. 그중에서도 님나무의 방식이 유난히 화려하다. 님나무 잎, 나무껍질, 특히 기름에는 방충제나 스테로이드 유사 화학 물질의 생화학적 장치가 들어 있는데, 이는 나무를 공격하는 곤충의 생활사에 근본적인 영향을 미친다. 교묘하게도 이 물질은 님나무 꽃이나 꿀에는 들어 있지 않아 꿀벌을 비롯한 다른 유익한 매개자들은 거의 영향을 받지 않는다.

님나무 추출액이 곤충의 입맛을 떨어뜨리는 능력이 어찌나 뛰어난지 이것저것 가리지 않는 메뚜기 떼조차 이 추출액으로 처리한 곡물은 꺼린다. 곤충들은 변태 과정이나 먹이 습성처럼 생활사에 근본적인 행동을 망가뜨리는 화학 물질 칵테일을 들이켜느니 차라리 굶어 죽는 편을 택할 것이다. 님나무 추출물은 모기를 포함해 날벌레들을 쫓아내는 데 뛰어나고, 극히 낮은 농도로도 효과적이다. 그렇다면 시골 마을 입구에서 펄럭이는 님나무 잎이 어쩌면 정말로 마을을 보호해 주는지도 모르겠다.

님나무는 합성 살충제와 달리 생태계에 해를 주지 않는다. 자연에서 생분해되고 햇빛 아래에서 일주일 정도면 사라지기 때문이다. 게다가 한 번의 독성 효과로 대상을 단번에 죽이는 합성 살충제와는 다른 방식으로 작용하는데, 여기에는 곤충의 생명 활동을 동시다발적으로 파괴하는 화학 물질의 조합이 관여하므로 내성이 진화하기 힘들다. 님나무 추출물은 물고기에는 해롭지만 인간 같은 온혈 동물에게는 큰 영향을 미치지 않는다. 님나무 열매는 종종 사람들이 즐겨 먹으며, 님나무 추출액은 수천 년 동안 화장품으로 쓰였고 오늘날에도 북아메리카와 그 밖의 지역에서 살충제로, 심지어 빈대를 잡기 위해 아이들 침구에 뿌리는 것까지 허용된다.

님나무 자체는 인도의 목화밭이나 서아프리카의 채소밭에 성공적으로 식재되어 왔다. 그러나 님나무 살충제가 효과적이고 안전하고 저렴하고 지속 가능하고 생분해된다는 장점을 생각하면 (게다가 나무를 심는다는 환경에 이로운 긍정적 부가 효과까지 고려하면) 님나무가 세계적으로 더 널리 사용되지 않는 것이 이상하겠지만, 여기에는 경제적 요인이 작용한다. 님나무는 아주 오래전부터 전통적으로 사용되어 왔으므로 영리를 추구하는 기업들이 님나무에 기반한 상품에 특허를 내기가 어렵다. 제품을 경쟁에서 보호할 수 없다면 기업은 님나무 기름으로 만든 제품의 규제 승인이나 광고 및 판매에 투자하는 대신 덜 효과적이고 더 해롭다고 해도 특허를 통해 수익을 늘릴 수 있는 합성 화합물을 팔 것이다. 공짜 시장이라고 해서 늘 옳은 것은 아니므로.

님나무 ✳ 멀구슬나뭇과

인도

인도보리수 ^{Peepul, Sacred Bo}

Ficus religiosa

파키스탄에서부터 미얀마에 걸쳐 자생하는 인도보리수(*보리수나뭇과의 보리수나무와는 다른 종이다)는 특히 인도 중부와 북부에 형성된 물리적·문화적 경관에 단단히 뿌리를 내려 왔다. 보리수는 수많은 소설과 영화의 장면 속에서 진정성을 부여하는 배경이 되었고 불교, 힌두교, 자이나교도들에게 똑같이 신성시된다. 따라서 보리수가 없는 마을, 또는 아래에 사원이 없는 보리수를 찾기가 힘들다. 심지어 '보리수를 찾아간다'는 말은 기도하러 간다는 시적 완곡어법으로 쓰인다.

수천 년을 산다고 알려진 인도보리수는 성장이 빠르다. 줄기는 어릴 적에는 부드럽고 희미한 가로줄 무늬가 있다. 그러나 나이가 들면서 조각조각 벗겨져 세로로 홈이 가고 줄기 아래쪽에 지지대가 생긴다. 공기뿌리는 종종 밖으로 빠져나와 다른 식물과 생명을 위한 힘과 안정성, 그리고 쉼터를 더한다. 낙엽성인 보리수는 한겨울에 잎을 떨어뜨린다. 4월에는 새잎이 주홍빛, 구릿빛, 분홍빛으로 생기 약동하는데, 이것은 많은 수종에서 보이는 특징이다. 곤충을 비롯한 초식 동물은 부드러운 어린잎을 선호하므로 잎이 충분히 질겨질 때까지 그 안에 값나가는 초록색 엽록소를 투자하지 않는 나무가 많다. 갓 만들어진 잎이라도 엽록소가 없으면 영양가가 낮아 덜 먹히기 때문이다. 게다가 붉은색은 생산 비용이 더 들어도 곤충이 잘 보지 못하므로 먹잇감이 될 가능성이 더욱 낮아진다. 나무가 성숙해지면서 잎의 윗면은 초록색에 윤기가 돌고, 밑면은 좀 더 탁하고 연하게 변한다. 연두색의 두드러진 잎맥은 강렬한 햇살 아래 꽤나 근사하다. 보리수 잎은 손 크기의 삼각형 또는 하트 모양으로 자란다. 잎은 끝이 두드러지게 뾰족해지는데, 빗물에 무기질이 침출되거나 빛을 독차지하는 군식구를 달고 있는 대신 빨리 흘러내리게 한다. 잎은 인조 가죽 질감이 나고 길고 유연한 잎자루에 달려 있는데, 밤이면 가벼운 공기의 움직임에도 서로 부딪혀 괴기스럽게 재잘대는 보리수나무 특유의 소리를 낸다.

기원전 6세기 말 무렵에 고타마 싯다르타, 즉 부처는 바로 보리수 밑에 앉아 긴 명상 끝에 깨달음에 도달했다고 한다. 인도 동북쪽의 비하르주에 있는 대형 불교 사원은 오늘날 보드가야, 즉 '깨달음의 장소'를 대표한다. 그곳에 성스러운 보리수(또는 보디)가 자라는데, 이 나무는 스리랑카의 아누라다푸라에 있는 보디나무의 묘목으로, 부처에게 그늘을 주었던 보드가야의 바로 그 나무의

잔가지에서 기원전 288년에 차례로 번식한 것이다.

한편, 힌두교의 세 주요 신인 브라만, 시바, 비슈누 모두 보리수와 밀접한 관계가 있다. 또한 전통적으로 여신 락슈미는 토요일에 인도보리수 둘레에 실을 묶어 신앙심을 드러내는 여성에게 다산과 행운을 내려 준다고 알려져 있다. 보리수와 님나무의 줄기와 가지가 서로 얽혀 포옹하는 현상은 특별히 상서롭게 여겨져 사람들은 행복한 나무 커플을 위해 혼인 예식을 치러 주었고, 그 자리에 사당이 없다면 새로 지어 바쳤다.

보리수 열매는 다른 무화과속 식물처럼 '가짜 열매' 안쪽에 수많은 꽃이 피는 과육성 꽃턱으로 구성되고 작은 말벌이 꽃가루받이를 한다. 열매는 구형에 가깝고 자루가 없이 가지에 직접 붙어 있으며 연두색에서 짙은 보라색을 거쳐 완전한 검은색으로 익는다. 보리수 열매는 체리 크기로 인간은 흉년에만 먹고 대개 찌르레기와 박쥐가 좋아해 씨를 퍼뜨린다. 보리수씨는 다른 나무의 움푹 들어간 축축한 구멍이나 담장의 틈새에서 발아해 신앙심이 깊은 이들과 미신을 믿는 자들을 난감하게 한다. 이들은 나무가 이런 식으로 자라면 나중에 피해를 줄 것을 알면서도 어린싹을 뽑아내지 못한다. '보리수를 잘라 내는 것은 성인을 죽이는 것보다 더욱 큰 죄'로 여겨지는 관습 때문이다. 세상에서 이와 같은 금기를 즐기는 나무가 또 있을까?

북미사시나무의 잎자루 역시 납작해서 잎이 아른아른 반짝인다. (213쪽 참조)

중국

중국왕초피나무 Szechuan Pepper

Zanthoxylum simulans

'쓰촨 후추'라는 영어 명칭에도 불구하고 중국왕초피나무는 고추나 파프리카, 또는 심지어 우리가 향신료로 자주 쓰는 후추 덩굴과도 상관이 없다. 그러나 신선하고 자극적인 또 다른 향신료가 여기에서 나온다.

중국왕초피나무는 중국 북부 및 중부의 언덕진 숲에 자라는 작은 나무로, 돌출된 가시 돌기가 나무껍질 전체를 뒤덮는다. 줄기와 큰 가지에서는 이 돌기가 목질화되어 파충류처럼 보이며, '가시 돋친 물푸레나무'라는 영어식 일반명에 영감을 주었다. 여름에는 수없이 많은 작고 하얀 꽃이 짙은 초록색 복엽 위에 도드라지게 핀다. 원형의 울퉁불퉁하고 마른 열매는 붉게 익어 한쪽이 갈라지면서 까맣게 빛나는 씨앗을 뱉어 낸다. 씨를 둘러싼 껍질에 들어 있는 산쇼올(*산초의 매운 맛을 내는 성분)이라는 화학 성분이 인간의 감각 기관에 장난을 친다.

박하를 입에 넣으면 거짓말처럼 차갑게 느껴지고, 고추를 먹으면 실제로 온도 변화가 없는데도 열기가 느껴진다. 모두 '감각 이상'이라는 증상으로 신경을 속이는 흔한 현상이다. 상대적으로 덜 알려진 (단, 초피가 요리에 흔히 쓰이는 중국, 티베트, 네팔, 부탄 등을 제외하면) 감각 이상 증상이 바로 가짜 진동이다. 평소 성격이 매우 '침착한' 지원자들을 대상으로 실험한 바에 따르면, 이들은 초피나무 열매에 입을 댄 지 1분 만에 입술과 혀가 1초에 50번쯤 빠르게 진동하는 것을 느꼈다고 한다. 어떤 이는 혀로 9볼트짜리 건전지를 핥는 것 같다고 표현했다(우리 모두 경험한 적이 있을 것이다!). 이처럼 강렬하게 몰아닥친 얼얼한 느낌과 동시에 엄청난 양의 침이 나오면서 일시적으로 혀가 마비되는데, 처음 시도한 사람은 자기도 모르게 침을 흘리게 되는 당황스럽고 재밌는 조합이 아닐 수 없다. 초피나무의 친척뻘 되는 나무는 아메리카 원주민들 사이에서 치통을 가라앉히는 데 사용되었다. '통증 정신 물리학'이라는 과학 분야에서는 통증과 산쇼올의 역할을 연구 중이다.

왜 초피나무가 산쇼올을 생산하도록 진화했는지는 확실치 않다. 산쇼올이 제초제의 작용로부터 벼의 모를 보호한다는 최근 연구 결과로 보아 나무의 방어 기작에서 비롯한 것으로 보인다. 중국어 사용자들은 이처럼 저리고 마취된 느낌을 간단하게 한 음절로 표현한다. '매울 랄麻.'

중국

뽕나무 White Mulberry

Morus alba

근연 관계에 있는 두 종의 뽕나무가 널리 퍼져 있다. 둘 다 중간 크기의 나무로 줄기가 볼품없이 울퉁불퉁하다. '검은'뽕나무는 하트 모양의 잎을, '흰'뽕나무는 매끄러운 잎을 가졌다. 이 중 하나가 역사의 흐름을 바꾸었다.

블랙 멀베리라고도 하는 검은뽕나무*Morus nigra*는 서남아시아 원산으로, 인간이 재배하면서부터, 그리고 종자를 퍼뜨리는 새에 의해 유럽 전역에 퍼져 나갔다. 열매는 적당히 새콤달콤하지만 즙이 닿기만 하면 물이 들어 엉망진창이 된다. 게다가 워낙 잘 망그러지기 때문에 쉽게 내다 팔 수도 없다. 셰익스피어가 『코리올라누스』에서 표현한 대로 '만만치 않은' 열매다.

흰뽕나무*Morus alba*는 중국 동부 원산인데 단맛이 돌긴 하지만 풍미가 없는 베이지색 또는 연보라색 열매를 맺는다. 그러나 이 나무의 잎은 실로 엄청난 능력을 지닌 누에나방 애벌레의 먹이가 된다. 무려 4,500년 전에 중국인들은 야생 멧누에나방*Bombyx mandarina*을 길러 양잠 기술을 개발했다. 또 이 나방을 교배, 양식하여 누에나방*B. mori*을 탄생시켰는데, 이 나방은 전적으로 인간에 의존해 살기 때문에 혼자 날아가 제 짝을 찾지도 못한다. 누에는 인간이 주는 뽕잎을 먹고 타액에서 두께 0.01밀리미터, 길이 0.8킬로미터에 달하는 단백질 필라멘트를 뽑아 누에고치를 짓는다. 섬유질은 단면이 삼각형이라 빛이 반사하고 굴절해 반짝거린다. 사람들이 이 생사를 풀고 자아 비단실을 만든다.

울과 리넨의 거친 촉감밖에 모르던 이들이 비단결같이 고운 천을 보고 어땠겠는가! 약 2천 년 전 중국 한나라 때는 이 호화롭고 윤기 나는 천의 수요가 너무 많아 비단을 사고팔고 운송하는 단일 시스템이 생길 정도였다. 실크 로드는 처음에는 중앙아시아까지, 그다음에는 한국과 일본을 인도, 아라비아, 유럽과 연결하는 육로와 해로의 연결망이 되었다. 실크 로드는 물자뿐 아니라 철학과 사상까지 운반했고, 그 경로에 있는 모든 문명의 경제적이고 지적인 발전에 이바지했다.

수백 년 동안 중국인들은 타국의 산업 스파이로부터 양잠 기술을 어렵게 지켜 왔다. 이들은 누에나 뽕나무 종자를 밀매하는 자를 사형해 처하면서까지 양잠 산업의 독점을 유지했다. 이런 위협이 없는 지금도 세계 비단의 대부분이 여전히 중국에서 온다.

옻나무 Chinese Lacquer

Toxicodendron vernicifluum

옻나무 수액은 정교한 공예품을 만드는 재료로 잘 알려져 있지만, 충격적인 역사도 갖고 있다. 옻나무는 키가 최대 20미터까지 자라고, 수관이 곧고 단정하게 대칭을 이루며 고도 3천 미터 미만의 언덕과 산속에서 잘 자란다. 커다란 복엽의 밑면에는 솜털이 나고, 열매는 콩만 하고 주름이 졌다. 옻나무는 예쁘지만 우아하게 나이 들지는 못한다. 수령이 60년을 넘으면 가지가 성기고 빈약해져서 아름답지 못한 모습으로 변한다.

옻나무는 중국 중부 지방에 자생하는 나무로 약 5천 년 전에 일본에 도입되었다. 일본인들은 옻칠 기법을 꾸준히 향상시켜 특히 17세기에는 수준 높은 예술의 경지까지 승화시켰다. 옻칠 공예는 매우 가치 있는 산업으로 자리 잡았고 1868년 메이지 유신 무렵에는 수액 추출에 사용되는 나무를 전부 등록해 관리했다. 나무에 상처를 입히거나 수액을 너무 자주 뽑으면 심한 처벌을 받았고, 심지어 나무 소유주는 죽은 나무의 그루터기를 제거할 때에도 허가를 받아야 했다. 요즘은 수액 원료 대부분이 중국에서 수입된다.

옻칠 과정은 한여름에 나무에 평행으로 칼집을 내어 수액이 흐르게 하는 것으로 시작한다. 탁한 노란색의 귀한 수액은 1년에 불과 0.25리터 정도의 소량만 채취된다. 그리고 3~4년 채취한 뒤에는 안식년을 주어야 한다. 채취한 수액은 걸러서 가열 처리한 후 진홍색 진사(*황화 수은으로 된 적색 광물로 안료로 쓰임), 검은색 탄소 가루, 금속 분말 등을 갈아 낸 광물로 색을 내고, 나무나 대나무 또는 풀을 먹인 종이 반죽 위에 공들여 한 층 한 층 바른 다음 그때마다 광을 내고 말리는 힘든 과정을 반복한다. 일반적인 생각과 달리 옻칠이 '마르고' 단단해지려면 오히려 습기 있는 환경이 필요한데, 공기 중의 습기가 옻칠 성분과 중합하여 투명하고 단단한 방수 표면을 형성하기 때문이다. 플라스틱이 개발되기 이전 시대에 옻칠 공예품은 다른 세상의 재료로 취급되었고, 세부적인 기술과 첨가물에 대한 내용은 여전히 극비로 유지된다.

특별한 작품에는 수개월에 걸쳐 십수 번의 옻칠을 해야 한다. 여기에 황금색 이파리나 라이스페이퍼 등을 올린 정교한 디자인이 결합되어 악기, 가리개, 장신구, 함, 그릇 등 많은 공예품이 믿을 수 없이 아름다운 예술품으로 탄생했다.

그러나 톡시코덴드론Toxicodendron이라는 속명이 말해 주듯이

옻나무에는 어딘가 음침한 면이 있다. 옻나무 수액에 들어 있는
우루시올(일본어로 도료를 뜻하는 '우루시'에서 유래함)은 아주 고약한 물질인데,
북아메리카에서는 옻나무의 가까운 친척인 포이즌아이비(무늬라디칸스옻나무)를
통해 알려졌다. 15세기 중국 학자들은 옻나무를 다루던 사람들이 피부염에
걸렸다고 기록했다. 우루시올액은 심한 발진을 일으키고 특히 우루시올 증기로
유발되는 가려움증은 몇 달 동안 지속된다. 그러나 일단 굳고 나면 옻칠한
물건은 음식을 저장해도 될 만큼 안전하다.

역사적으로 옻나무를 가장 기괴하게 사용한 사람들은 일본 북부의 잘
알려지지 않은 금욕주의 종파 승려들이다. 이들은 깨우침에 이르는 경로로
'소쿠신부츠', 즉 '즉신불卽身佛'이 되고자 했다. 그 여정은 몇 년에 걸쳐
행해지는데, 우선 음식을 서서히 줄이고 씨앗이나 견과류, 뿌리류, 나무껍질로
연명하며 체중을 감량한다. 그리고 자신의 몸 전체를 유물로 만들기 위해
토굴로 들어가 옻나무 수액으로 만든 우루시 차를 마시며 스스로 방부 처리를
하고 천천히 미라화한다. 끔찍한 탈수 상태에서 서서히 죽어간 뒤에도 시신은
썩지 않을 뿐 아니라 너무 유독해 구더기도 생기지 않는다. 죽은 뒤 3년이 지나
무덤을 열 때까지 부패하지 않은 몇몇 이들은 불교의 깨달음의 경지인 보리에
도달했다고 여겨진다. 일종의 조력 자살로도 볼 수 있는 이 관행은 19세기
후반에 들어서야 법으로 금지되었다. 여러 일본 사원들에서는 스스로 미라가 된
승려의 것이라고 주장하는 여전히 소름 끼치게 잘 보존된 유해를 전시하기도
한다.

우루시올과 비슷한 화학 물질이 캐슈너트를 에워싼다.(116쪽 참조)

일본

왕벚나무 Yoshino Cherry

Prunus × yedoensis

일본인들에게 벗나무보다 더 의미 있는 나무는 없을 것이다. 흰색에서 짙은
진홍색까지 다양한 꽃 색깔을 가진 수백 가지의 고유한 자생종 및 교배종
벗나무가 있다. 그러나 가장 인기 있는 것은 꽃잎 다섯 장짜리 왕벗나무다.
낙엽성인 왕벗나무는 꽃자루 가까이 연한 분홍빛이 감도는 흰색 꽃을 피운다.
봄에 잎이 나기 전에 꽃이 피기 때문에 만개한 나무는 눈이 부시게 장양다.
화려하게 피어난 벗꽃의 강렬함은 일주일도 가지 않아 지고 마는 허무, 무상과
더불어 미적인 가치를 높이고, 현세에 충실한 삶이라는 불교의 이상을 널리
알린다. 벗꽃은 '모노노아와레', 번역하면 '사물의 비애'의 구현으로, 이는 일본
정신의 일부로 여겨지는 특별한 정서다.

　　만개한 벗나무 아래에서 꽃을 감상하고 나들이를 즐기는 관습을
'하나미'라고 부르는데, 그 역사는 1천 년 전으로 거슬러 올라간다. 원래는
귀족의 여흥 거리였던 하나미 연회는 17~19세기 에도 시절에 특히 유행했고,
이제는 국민 모두가 즐긴다. 3월 말, 단 며칠간 도쿄 황궁의 넓은 해자 곳곳에는
나무에서 떨어져 하얗게 흩어진 꽃잎 사이로 어두운 물 자국을 남기며 배를
젓는 커플들이 있다. 하나미 철에 도시의 공원은 벗꽃을 보러 나온 가족들로
인산인해를 이루고, 학생과 직장인은 사회적 유대 관계를 돈독히 하는 대규모
벗꽃 행사에 참가한다. 이 시기에 언론은 남쪽부터 시작되는 벗꽃의 개화
시기를 상세히 보도한다. 실제로 일본에서 벗꽃 축제에 관한 훌륭한 자료는
수백 년 동안 기후 변화의 추이를 도표화하는 데 사용될 정도였다.

　　일단 벗나무는 학교와 공공건물, 절과 강둑을 따라 일본 어디에서나 볼 수
있다. 이 나무는 화려한 꽃을 즐기려고만 심어진 것은 아니다. 벗나무는 문화,
종교, 심지어 정치적 중요성 때문에 기모노, 문구류, 도자기, 우표, 동전, 심지어
사람의 몸에도 새겨진다(벗꽃은 일본 전통 문신인 이레즈미의 소재로 흔히 쓰인다).
왕벗나무는 일본인의 정체성과 깊이 얽혀 일본 민족주의의 강한 결집력을
요청하는 데 이용되었다. 최초의 가미카제 군단에는 '야생 벗꽃'이라는 뜻의
타마자쿠라라는 분대가 있었다. 화려하게 살다 젊은 나이에 죽음을 맞이하는
전사들은 사쿠라, 즉 벗꽃에 비유된다.

타이

파라고무나무 ^{Rubber}

Hevea brasiliensis

열대림은 온갖 종들이 뒤섞여 있어 헥타르당 같은 수종이 몇 그루씩밖에 없다.
그러다 보니 해충의 수도 적당한 균형을 유지한다. 그러나 가까운 곳에 잠재적
배우자가 많지 않으므로, 타가 수분에 성공하려면 같은 종의 나무가 모두
동시에 꽃을 피워야 한다. 그러려면 공통된 달력이 있어야 하는데, 적도에서
낮의 길이는 거의 변화가 없으므로 파라고무나무는 대신 춘분을 중심으로
증가하는 태양의 밝기에 반응한다. 나무는 끝이 뾰족한 노란색 종 모양의
꽃다발을 일시에 피우고 깔따구와 삽주벌레가 나무 사이를 분주히 오가며
꽃가루를 전달한다. 열매는 세 개의 방으로 나뉘고 완전히 익으면 터져서
점박이 무늬의 커다란 씨를 흩뿌린다. 씨들은 근처의 물길을 타고 어딘가로
가서 발아한다(단단한 껍데기가 피라냐에 의해 먼저 금이 가지 않는 한 말이다).

　　많은 열대 나무가 라텍스 유액을 생산하지만, 브라질과 볼리비아의
아마존강과 오리노코강 분지에 자생하는 파라고무나무가 가장 유명하다.
파라고무나무는 원래 원주민어로 'cauchu'에서 유래한 '카우추크^{caoutchouc}', 즉
'눈물을 흘리는 나무'로 불렸다. 파라고무나무의 라텍스는 약 50퍼센트가 고무
성분인 부유액으로, 유액관에 저장되어 있다가 상처가 나면 바로 스며 나와
빠르게 엉겨 붙어 상처를 봉합한다. 실제로 유액을 채취하려고 나무에 상처를
낼 때는 유액이 엉기지 않고 계속 흐르도록 항응고성 물질을 처리한다.

　　1531년에 아즈텍족은 스페인 궁정에서 아무도 본 적 없는 파격적인
장면을 선보였는데, 다름 아닌 고무공 놀이였다(실제로는 다른 식물에서 유래했다).
이들은 통통 튀어 오르는 공을 가지고 노는 모습으로 미래의 농구 경기를 보여
주었다. 1770년대에 영국인들은 응고한 고무 유액으로 연필 자국을 문질러
지우는 데 사용했다(그래서 지우개를 '고무'라고도 불렀다). 런던에서는 주사위
모양의 작은 '인도 고무' 조각을 당시로는 상당한 액수인 3실링에 팔았다.
아마존 부족들은 수백 년 동안 신발의 거푸집을 만드는 데 고무를 썼고,
1820년대 스코틀랜드인 찰스 매킨토시가 용해된 고무를 옷감에 처리해 동일한
이름의 우비를 만들기 훨씬 이전부터 방수용으로 사용했다.

　　안타깝게도 생고무 자체는 추위에 잘 갈라지고 열을 가하면 질척거렸다.
1839년에 미국인 찰스 굿이어는 생고무에 황을 처리하면 더 질겨지고 극한의
온도에서도 잘 견딘다는 사실을 발견했다. 이 가황 고무는 증기 펌프와 증기

기관에서부터 빗과 코르셋까지 어디에나 쓰였고, 심지어 영국의 연쇄 살인범 잭 더 리퍼가 피해자에게 소리 없이 접근하기 위해 고무로 밑창을 댄 부츠를 신었다는 주장까지 등장했다. 고무 수요는 곧 공급을 훨씬 초과했다. 고무값이 치솟으면서 아마존판 '고무 러시'가 일어났다. 1876년, 영국인 헨리 위컴 경은 브라질에서 무려 7만 개나 되는 엄청난 양의 고무나무 종자를 영국의 큐 왕립식물원으로 실어 나르는 노골적인 생물 해적질(관점에 따라 사업가의 선견지명으로 볼 수도 있겠지만)을 시도했다. 그 종자를 발아시켜 아시아에 있는 영국 식민지에 고무나무 묘목을 배포했고 마침내 대단히 성공적으로 번식시켰는데, 이것이 바로 오늘날 대규모 고무 플랜테이션의 원조다.

다음으로 고무는 도로를 점령했다. 1888년 존 보이드 던롭은 세계 최초로 바람을 넣을 수 있는 자전거 고무바퀴의 특허를 냈다. 그리고 20세기 초반에 차량용 공기 타이어, 고무 봉인재, 개스킷, 바닥 깔개, 호스 등이 제작되면서 파이어스톤, 굿이어, 미셸린, 피렐리처럼 오늘날 누구나 이름을 아는 회사들이 세워졌다. 그리고 마침내 도로가 철로를 앞섰다.

1928년, 미국의 헨리 포드는 영국이 독점한 동남아시아 고무의 대안으로 아마존에 새로운 공급원을 마련하고자 브라질 정부의 지원을 받아 만 명의 노동자가 거주하는 공장촌 포드랜디아Fordlândia를 지었다. 그러나 포드랜디아는 오래가지 못했다. 황열병과 말라리아, 그리고 문화적 차이(포드는 술, 담배, 여자, 축구를 금지시켰다)가 지역 노동자들의 의욕을 꺾었다. 또한 식물학에 무지한 관리자들이 토질이 맞지 않는 땅에서 나무를 재배하거나 지나치게 촘촘히 심어 놓는 바람에 곰팡이성 잎마름병과 해충이 퍼져 나갔다. 1934년에 폐기된 포드랜디아는 이제 버림받은 땅이 되었다.

1930년대 후반에는 동남아시아에서 매해 수백만 톤의 생고무가 수출되었는데, 이는 미국이 가진 단일 수입원이었다. 제2차 세계대전 당시 추축국이 고무 플랜테이션 대부분을 장악하자 화석 연료를 사용한 합성 고무가 서둘러 개발됐다. 현재는 전체 고무의 절반이 고무나무에서 생산되지만, 원료에 상관없이 우리는 죄책감을 느끼지 않을 수 없다. 고무나무는 열대 생태계에 해를 주는 대규모 플랜테이션에서 재배되며, 합성 고무를 생산하는 공장은 원자재를 오염시켜야만 가동하기 때문이다. 그러나 한편으로 콘돔이나 타이어가 없는 세상을 상상하는 것 역시 참 힘든 일이다.

고무나무 열매는 꼬투리를 터트려 종자를 산포하지만, 샌드박스에 비교할 바는 못 된다.(192쪽 참조)

말레이시아

두리안 ^{Durian}

Durio zibethinus

6킬로그램은 거뜬히 나갈 갑옷을 입은 열매가 달리는 나무치고 두리안은 믿을 수 없이 우아하다. 바람결에 아름답게 반짝이는 잎은 가늘고 긴 타원형에 끝이 뾰족하다. 가운데에 특유의 갈빗대 모양의 잎맥이 있으며, 윗면은 매끄럽고 올리브그린색이며 밑면은 탁한 구리색이다. 저지대 밀림에서 높이 45미터까지 자라며, 곧게 뻗은 줄기에서는 단단하고 날렵한 나뭇가지가 수평에 가깝게 뻗기 때문에 나무 타는 동물들에게 즐거움을 준다. 꽃은 원줄기와 큰 나뭇가지에서 직접 나와 다발로 매달려 나무를 장식하고, 크고 불그레하지만 거의 흰색이며 버터 향이나 유통 기한이 지난 우유 냄새가 난다. 두리안은 전형적으로 특정한 꽃가루 전달자를 유혹하기 위해 진화했다. 두리안 꽃은 꿀벌 고객을 위해 오후에도 문을 열지만, 대개 밤에 박쥐와 거래한다. 두리안은 달콤한 꿀을 넉넉히 제공하고, 그 대가로 박쥐는 꽃가루를 옮겨 준다.

두리안은 호불호가 심하게 갈리는 과일로 유명하다. 도대체 어떻길래 그럴까? 두리안은 굵은 꼭지에 여러 개가 다발로 매달려 자라는데, 불과 14주면 럭비공만 하게 자란다. 말레이시아어로 '두리아^{duria}'는 '가시'라는 뜻이다. 열매는 질긴 연녹색의 반목질성 껍질이 보호하는데, 피라미드 모양의 뾰족한 가시가 열매 전체를 완벽하게 덮고 있어 꼭지가 부러지기라도 하면 집어 들기가 힘들다. 다 익으면 벌어져서 하얀 섬유질의 중과피(*오렌지의 속껍질에 해당하는 부분)가 드러나는데, 안은 커스터드 색의 과육이 4~5쪽으로 나뉘어 있고 그 안에 커다란 씨가 몇 개씩 들어 있다. 두리안 열매는 냄새가 지독하기로 악명 높은데, 이 향내가 야생 멧돼지나 원숭이 같은 대형 포유류를 유혹해 어미나무로부터 열매와 씨를 멀리 떨어뜨린다. 코끼리는 두리안 열매가 떨어질 때까지 인내심을 가지고 기다렸다가 게걸스럽게 먹어 치우고 씨 일부는 통째로 삼킨 채 멀리 이동한 다음 배설물과 함께 놓고 떠난다.

호모 사피엔스도 두리안을 즐긴다. 인간 덕분에 원래 인도네시아와 말레이시아 원산인 두리안은 이제 타이, 인도 남부, 오스트레일리아 북서부에서도 재배된다. 동남아시아에서는 두리안을 중심으로 한 활발한 소울 푸드 문화가 있다. 두리안을 사려는 사람이 과일을 귀에 대고 손톱으로 겉껍질을 긁으면서 과육이 속껍질에서 떨어져 줄어드는 소리를 듣는 모습을 심심치 않게 볼 수 있다. 두리안은 맛과 향 모두 강렬하고 자극적이다. 영국

작가 앤서니 버지스는 이 경험을 '화장실에서 달콤한 라즈베리를 먹는 것'에 비유했고, 미국 요리사이자 방송인이었던 안소니 부르댕이 "당신 입에서 죽은 할머니와 프렌치 키스를 한 것 같은 냄새가 날 것이다"라고 말한 것이 널리 회자되었다. 말레이시아와 싱가포르에서는 두리안을 밀폐된 호텔 객실이나 기내로 가져오지 말라는 경고 문구를 흔히 볼 수 있다. 많은 사람들이 소문만 듣고 선입견을 가져 처음부터 두리안을 거부할 준비가 되어 있다. 그러나 위대한 19세기 박물학자 앨프리드 러셀 월리스는 다음과 같은 찬사를 쏟아냈다. "아몬드 맛이 강하게 나는 진한 버터 같은 커스터드를 떠올려 보자. 거기에 크림치즈, 양파 소스, 갈색 셰리 등 어딘가 어울리지 않는 것들이 뒤섞인 냄새가 솔솔 풍긴다. 그런 다음 다른 것은 아무것도 들어 있지 않은 풍부한 과육의 끈적거리는 부드러움이 있다. 그 섬세함이 더해져 먹어도 먹어도 멈출 수가 없을 것이다. 두리안은 진정으로 새로운 감각적 자극이며, 이를 경험하기 위해서라면 동쪽으로 날아갈 가치가 있다."

인 도 네 시 아

유파스나무 ^{Upas}

Antiaris toxicaria

중세 시대부터 19세기까지 동남아시아에 다녀온 유럽 여행자들은 하나같이
혐오스러울 정도로 독성이 강해 쳐다보는 것만으로도 치명적인 나무에 관해
기록했다. 가지에 내려앉은 새가 쓰러지고, 줄기에 몸을 스친 동물과 사람이
죽어 나간다는 이야기가 신문과 잡지, 그리고 디킨스나 푸시킨처럼 유명한
작가의 손을 거친 후 마침내 유파스나무는 사악하고 치명적인 죽음의 은유로
널리 사용됐다.

　　유파스나무는 위엄 있는 낙엽성 교목으로 열대 우림 환경에서 가장 잘
자란다. 줄기는 곧고 부드러우며 아래는 판근이 지지하고, 수관이 시작되는
곳까지는 줄기에 가지가 없다. 어차피 빛이 들지 않는 아래쪽에 잎을 달고 있어
봤자 별 소용이 없기 때문이다. 이 나무에 관한 무시무시한 소문을 생각하면
새나 박쥐, 포유류가 여전히 유파스나무 열매를 먹고 씨를 퍼트린다는 사실이
놀랍기만 하다. 그뿐만 아니라 이제는 현지 주민들도 태연하게 유파스나무
속껍질을 두드려 펴서 옷을 짓는다는 사실까지 밝혀졌다. 아무래도 세상에서
가장 위험천만한 나무는 아니었지 싶다.

　　그러나 유파스나무 전설이 아주 거짓은 아니다. 오늘날 말레이시아와
인도네시아 지역에서 '유파스^{upas}'는 '독'을 의미한다. 그리고 유파스나무
유액에는 실제로 치명적인 강심 배당체가 들어 있다. 이 물질이 혈류로
들어가면 심장 박동이 약해지고 불규칙하게 뛰다가 결국 멈춘다. 채취한 유액에
열을 가해 점성이 있는 반죽으로 만든 다음 입으로 부는 독화살에 장착하는데,
이 화살은 지금도 원주민들이 저녁거리를 사냥할 때 사용된다.

　　수백 년 전에 이 독화살은 이방인, 특히 네덜란드인에 대항하는 무기였다.
그렇다면 원주민들이 이 독극물의 공급원을 보호하려 한 것도 이해할 만하다.
아마 이들은 직접 유파스 전설을 지어냈거나 사실을 부풀려 퍼뜨렸을 것이다.
유파스나무 근처에서는 독기가 닿지 않도록 반드시 바람을 등지고 걸어야
한다는 등의 터무니없고 소름끼치는 이야기는 여행자들이 얘깃거리를
기다리는 고향 사람들에게 기꺼이 들려줄 만한 것이었다. 이 전설은 학식과
명망 있는 자들의 입을 통해 반복되면서 신뢰를 얻었고, 원주민들이 400년 동안
비밀을 지키도록 도왔다. 믿을 수 없는 것을 믿고자 하는 인간의 욕망은 끝이
없는 법이다.

구타페르카^{Gutta-percha}

Palaquium gutta

구타페르카는 19세기 후반부에 세계를 완전히 뒤바꿔 놓았다. 구타페르카라는 흥미로운 이름이 당시 신문 곳곳을 도배했다. 수마트라섬, 보르네오섬, 말레이반도에 자생하는 구타페르카는 전형적인 열대 우림종으로, 열렬히 빛을 쫓아 높고 곧게 자라며 수관 밑으로는 가지나 잎이 거의 달리지 않는다. 타원형의 큰 열매는 다람쥐와 박쥐의 먹이가 된다. 잎은 가지 끝에 무성하게 달리며, 윗면은 윤기 있는 초록색으로 매끄럽고, 밑면은 솜털이 보송한 브론즈 색이다.

구타페르카라는 이름은 회색빛이 도는 흰색의 나무 유액을 일컫는 말레이시아어에서 왔다. 이 유액은 나무에 침입한 곤충을 집어삼키거나 상처를 덮고 봉합하기 위해 진화했으며, 태양과 공기에 접촉하면 분홍빛으로 엉겨 붙어 비활성 방수 물질이 된다. 잘 알려진 다른 라텍스 유액과 달리 구타페르카는 질기지만 그렇다고 완전히 뻣뻣하지도 않다. 치클처럼 씹을 수도 없고 고무처럼 탄력이 있지도 않다. 그러나 65~70도 사이에서 가열하면 신축성이 생겨 쉽게 성형할 수 있고 식어도 모양을 그대로 유지한다.

원주민들은 구타페르카를 이용해 수백 년 동안 도구 및 마체테(정글도) 손잡이를 만들었다. 그러다 1843년에 한 영국 외과 의사가 구타페르카 샘플을 런던에 보낸 것을 계기로 기적의 물질로 부상했다. 구타페르카를 전문적으로 개발하는 회사들은 깨지지 않는 주방 도구, 체스맨, 전성관(*두 방을 연결하여 소리를 전하는 관), 지팡이 손잡이 등을 홍보했다. 19세기 중반까지 최고급 골프공은 가죽과 깃털을 일일이 꿰매서 제작했는데, 새롭게 나타난 구타페르카 골프공 '거티'는 완전히 업그레이드 된 제품이었다. 튼튼하고 성형이 쉬울 뿐 아니라 훨씬 저렴했다. '거티'의 선풍적인 인기는 실고무를 이용해 훨씬 성능 좋고 정교한 공이 제작될 때까지 50년 동안 이어졌다.

이후 구타페르카 유액은 골프공보다 훨씬 중요한 곳에 쓰이게 되었다. 당시 전신 및 전선을 이용해 메시지를 전송하는 방식이 막 개발됐는데, 국제 통신은 전선을 물속에 넣을 방법이 없어 바다를 건너지 못하고 발이 묶인 상태였다. 이때 마침 바닷물에 강하고 절연성이 뛰어난 구타페르카가 나타난 것이다. 런던에서 근무하던 한 독일인이 구타페르카로 구리 전선을 봉합선 없이 코팅하는 방법을 개발했다. 그가 오늘날의 지멘스 기업을 일으킨 에른스트 폰 지멘스다. 기업과 자본가들은 기회를 놓치지 않았고 엄청난 케이블 경주가 시작되었다. 수많은 시행착오와 대담한 도전 끝에 마침내 케이블 생산과 부설이 일상화되었다. 1876년에 대영 제국은 런던과 뉴질랜드를 연결했고 19세기 말에는 상업, 외교, 언론의 소리로 뒤엉킨 전신 케이블이 40만 킬로미터가 넘는 선으로 지구를 칭칭 감았다.

　　그러나 이 모든 것이 나무에는 좋을 게 없었다. 유액을 채취하는 과정이 너무 느리고 수고스러웠으므로 결국 사람들은 나무를 통째로 베어 유액을 추출했다. 그러나 나무 한 그루에서 유액은 겨우 몇 킬로그램밖에 나오지 않았다. 수요를 따라잡기 위해 수백만 그루가 벌목되었다. 결국 다양한 수종이 섞여 자라는 바람직한 혼합림은 개간되고, 구타페르카 한 종만 심은 플랜테이션이 세워졌다. 이후 새로운 법규가 제정되어 나무의 줄기 전체를 사용하는 대신 잎에서만 유액을 추출했다. 덕분에 구타페르카는 국제 통신을 좌우하는 절연체 역할을 계속했고 그러다가 폴리에틸렌이 합성되면서 1933년 이후에 서서히 대체되었다. 방대한 플랜테이션은 사라졌고 그 땅은 농경지로 전환되었다. 오늘날 유일하게 구타페르카가 일상적으로 사용되는 곳은 치과다. 치과 의사들은 신경 치료에 사용할 메움재로 더 좋은 재료를 찾지 못했다. 한때 전 지구를 아우르던 유액을 제공하던 나무로서는 참으로 따분한 쓰임이 아닐 수 없지만 말이다.

구타페르카는 여전히 치과에서 사용된다. 사포딜라 유액(치클) 역시 입안에서 쓰이지만 좀 더 즐거운 용도로 쓰인다.(191쪽 참조)

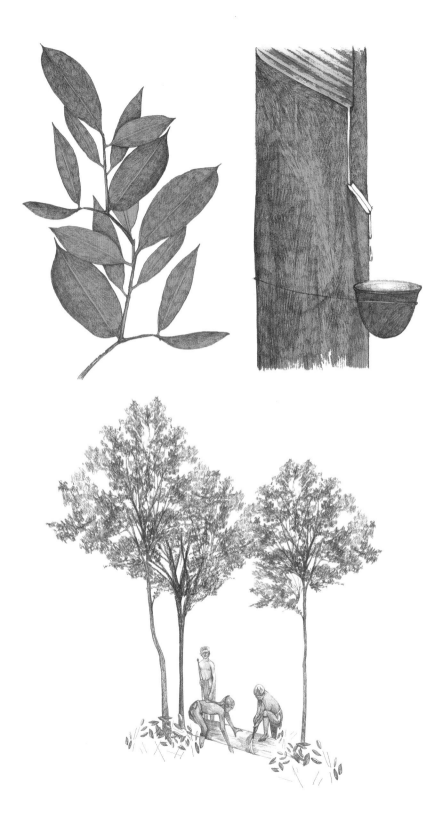

오스트레일리아

자라나무 ^{Jarrah}

Eucalyptus marginata

'자라.' 정말 오스트레일리아다운 이름이 아닐 수 없다. 이 단어는 대륙 먼 남서부의 늉가 지역 언어에서 왔다. 식민지 시대 이전에는 오늘날 달링 고원이라고 불리는 침출된 토양 위로 수백만 에이커의 자라 숲이 펼쳐져 있었다. 자라나무는 위엄 있는 나무로 키가 40미터는 족히 넘고 줄기는 지름 2미터에 이르며 수피는 거칠고 아주 짙은 갈색이다. 향기가 아름다운 자라 꽃은 하얀 별이 폭발하는 장면을 재현한 미니어처 같고, 대개 열 송이씩 다발로 달려 꿀벌을 유혹한다. 벌은 자라나무의 꿀을 모아 특유의 맥아, 캐러멜 향이 나는 벌꿀을 만든다. 자라나무는 복잡한 산림 생태계의 핵심으로 주머니개미핥기, 포토루, 쿠올, 퀸다 등 귀여운 유대류의 보금자리이기도 하다.

자라나무는 기회만 있다면 최소 500년에서 최대 1,000년까지 장수한다. 영국 식민지 개척자들은 자라나무의 가치를 재빨리 파악했다. 이 짙고 붉은 목재는 아주 단단하고 잘 썩지 않으며 곤충과 바람, 물에 강하다. 이들은 배를 건조하고 부두의 말뚝을 박는 자재로 자라나무 목재를 열심히 가져다 썼다. 1850년부터 죄수들이 대거 도착하면서 값싼 노동력을 이용해 자라 목재가 대영 제국 전역으로 수출되어 철도 침목, 전신주, 부두, 심지어 헛간에 이르기까지 내구성을 요하는 사회 기반 시설에 필요한 끝없는 수요를 충족시켰고, 목재를 얻는 데 필요한 증기 목재소와 철도망까지 건설되었다.

한편 런던에서는 사람들이 도로 포장재를 고민하고 있었다. 도로는 1880년대에 들어서 말이 끄는 교통수단과 함께 정신없이 바빠졌다. 큰 도로의 중심부에는 석괴와 자갈이 깔렸지만 이것들은 값이 비싸고 또 수시로 내리는 비에 말이 잘 미끄러졌다. 더 튼튼한 타맥(당시에는 쇄석 도로로 알려진 아스팔트 포장재)이 개발되기까지는 수십 년을 더 기다려야 했다. 차선책으로 목재를 사용하는 방법이 있었다. 발트해에서 온 연목(무른 나무) 널빤지와 소나무를 이용한 도로포장은 석재에 비해 여러 이점이 있었다. 훨씬 조용하고 흙먼지를 쉽게 쓸어버릴 수 있으며 말발굽에도 훨씬 우호적이었다. 그러나 나무는 빨리 닳고 쉽게 썩었다. 말의 대소변을 머금고 있다가 무거운 바퀴가 지나갈 때면 행인에게 뿜기도 했다.

이런 상황에 1886년 런던에서 개최된 인디언 식민지 전람회에서 자라나무 목재가 내구성 있는 도로 포장재로 홍보되었을 때 즉시 관심이 쏠린 것도 당연하다. 자라나무는 마모에 독보적으로 강해 교통량이 많은 도로에서도 1년에 겨우 3밀리미터밖에 닳지 않았다. 수십 년을 써도 거뜬하고, 감사하게 통기성마저 없는 이 나무는 사람과 동물 모두의 인기를 한 몸에 받았다. 1897년, 엄청난 운송비와 거리에도 불구하고 런던에서 가장 바쁘고 화려한 도로 30킬로미터에 오스트레일리아산 자라나무가 깔렸다. 실로 어마어마한 양의 판목이 콘크리트 위에 깔렸다. 엄청난 수요로 인해 오스트레일리아에서는 규제에 얽매이지 않는 자라 목재 회사들이 우후죽순으로 생겼고, 경쟁업체들이 서로 주문을 받기 위해 가격을 계속 떨어뜨리는 바람에 1900년에 오스트레일리아산 자라는 영국에서 가까운 스웨덴에서 수입한 대단히 질 나쁜 목재보다도 싸게 팔리는 지경이 됐다. 수익성은 있었지만, 이런 식의 사업은 계속될 수 없었다. 숲은 이처럼 악랄한 착취를 견디지 못하고 급격하게 소실되었다. 나무를 좀 더 분별 있게 관리하기 위한 법은 제1차 세계대전 말에야 도입되었다. 도로에서는 아스팔트가 이내 나무를 대체했지만, 이후 건설 현장에서는 자라 목재의 수요가 줄어들지 않았다.

　　일부 보호 구역 외에 자라나무 숲은 목재용으로 벌목되거나, 농지와 광산에 자리를 내주며 거의 사라졌다. 남은 것은 지구 온난화가 가져온 위험과 그에 동반되는 복잡하고 연쇄적인 변화다. 피토프토라 신나모미*Phytophthora cinnamomi*라는 난균이 자라나무에 치명적인 잎마름병을 일으키며, 여름철 가뭄과 무더위로 나무가 몸살을 앓는다. 과거에 행해졌던 자라에 대한 무분별한 착취와 취약한 생태계의 파괴는 능가 문화를 동시에 몰락시켰다. 남아 있는 자라나무는 또다시 위험에 처했다. 이번에는 기후 변화 때문이다. 우리 모두가 기여한 이 현상 때문에 이제 지구 전체의 문화가 위협을 받을 것이다.

　　　　　　　　　　　　　　　　　　　　　　　　자라나무 ✳ 도금양과

오스트레일리아

울레미소나무 ^{Wollemi Pine}

Wollemia nobilis

수백만 년 전에 멸종했을 것으로 추정되었던 울레미소나무는 식물학사에서
가장 놀라운 발견이 아닐 수 없다. 이 나무는 오랫동안 화석으로만 알려졌고,
화석이 발견된 지층 분석으로 6천5백만 년 전에 공룡과 더불어 살았음이
확인되었다. 울레미소나무는 침엽수지만 현존하는 어떤 침엽수와도 닮지
않았다. 그러다가 1994년, 시드니에서 북서쪽으로 불과 150킬로미터 떨어진
뉴사우스웨일스의 블루마운틴 가장자리에 있는 울레미 국립공원의 깊고
고립된 사암 협곡에서 열대 우림의 미로 같은 골짜기를 탐험하던 한 공원
관리자가 건강하게 살아 있는 의문의 나무를 발견했다. 이 나무는 화석 속
나무와 꽃가루까지 일치했다. 이 나무가 발견된 국립공원의 이름이자 이후 이
놀라운 나무의 이름이 된 '울레미^{Wollemi}'는 오스트레일리아 원주민 언어로 '네
주위를 둘러보아라'는 뜻이다.

　울레미 국립공원에 서식하는 가장 큰 개체는 위풍도 당당하다. 높이
40미터, 지름 1.2미터에 아마 수령이 1천 년은 되었을 것이다. 그러나 사실
우리가 흔히 아는 소나무와는 거리가 멀고 오히려 칠레소나무의 침엽성
친척으로 봐야 한다. 오래된 나무의 원줄기는 연대가 서로 다른 다수의 작은
줄기로 구성되었고, 수피는 초콜릿 팝콘처럼 생긴 부드럽고 폭신한 혹으로
조밀하게 덮여 있다. 어린잎은 연하고 엉클어졌으며 얼핏 보면 파리하고 비쩍
마른 덩굴 식물이 나무 위에 뒤엉켜 있는 것처럼 보인다. 오래된 잎은 고사리
또는 파충류처럼 생겼고 나뭇가지를 따라 조밀하게 배열되었는데, 잎의 끝이
어린잎보다 눈에 띄게 좁고 길다. 나이가 들어도 나뭇가지가 거의 분지하지
않아 위에서 내려다보면 초록색 별이 내뿜는 광채처럼 보인다. 추운 겨울에는
휴면하는데, 잎눈은 봄까지 지속되는 흰색 왁스층으로 보호된다. 구과는
나뭇가지 끝에만 자란다. 암꽃은 나무 윗부분에 덥수룩한 털실 방울처럼 피고
수꽃은 더 아래쪽에 늘어진다. 울레미소나무는 늙고 노쇠한 잎까지 매달고
있도록 진화한 대신 잎이 너무 많아지면 아예 가지를 통째로 떨어낸다.

　이 태곳적 나무의 발견은 세계적으로 엄청난 뉴스가 되었다. 식물 도둑들의
의욕을 꺾고 종의 생존을 보장하기 위해 (비록 울레미 지역에는 재앙이 될지 몰라도)
오스트레일리아 정부는 울레미소나무 묘목을 키워 외부에 보급했다. 전 세계
정원사와 수집가들이 앞다퉈 묘목을 심었다. 식물원들은 방문객의 관심을

모았고 야생에서 이 종의 희귀성(100개체 미만)을 강조하기 위해 울레미소나무를 야외 울타리 안에 심었다.

소규모 지역에 모여 있는 소수 개체군이다 보니 야생 울레미소나무는 특별히 취약할 수밖에 없다. 설상가상으로 DNA 분석 결과 개체 간에 유전 변이가 없었다. 이 나무들이 모두 뿌리움을 통해 지하로 퍼진 한 개체의 복제품인지, 원래부터 유전 변이가 별로 없는 희귀한 종인지, 아니면 어떤 사건을 겪으며 극소수의 개체만 살아남았고 제한된 유전 다양성의 풀 안에서 가까스로 영웅처럼 부활한 것인지는 확실치 않다. 이유가 무엇이든 현존하는 개체들이 극도로 비슷하다는 사실은, 나무가 미처 저항력을 진화시키지 못한 새로운 병충해의 공격에 완벽하게 무방비 상태라는 뜻이다. 나무 한 그루가 감염되어 해를 입는다면, 다른 나무도 모두 마찬가지기 때문이다.

감염을 막기 위해 울레미 보전 지역에 일반인의 접근을 금지했으나 일부 무단 침입자들은 이를 오히려 도전 과제로 여겼다. 그리고 결국 그리스어로 '식물 파괴자'라는 뜻을 가진 파이토프토라균*Phytophthora*이 유입되었다. 이 균은 나무의 뿌리를 공격하는 물곰팡이류로 씻지 않은 부츠를 통해 전파됐다. 열일곱 번의 빙하기와 수많은 화재에서 살아남은 살아 있는 화석이 인간이 무책임하게 퍼뜨린 감염에 의해 끝내 야생에서 굴복하게 될지도 모른다.

울레미소나무의 가장 가까운 살아 있는 친척 중 하나는 선사 시대에서 돌아온 또 다른 나무인 칠레소나무다. *(172쪽 참조)*

울레미소나무 * 남양삼나뭇과

오스트레일리아

블루콴동 ^{Blue Quandong}

Elaeocarpus angustifolius

블루콴동은 생장이 빠른 상록수로 키가 아주 크고, 섬세한 판근이 밑동을
지지한다. 콴동이라는 이름은 오스트레일리아의 위라주리 원주민 언어인
'관당^{guwandhang}'이 변형된 것이다. 동남아시아에서 오스트레일리아의 퀸즐랜드
남쪽, 뉴사우스웨일스 북쪽에 걸쳐 주로 우림이나 개울의 둑에서 자란다. 잎은
진한 초록색에 타원형이고 가장자리에 미세한 거치가 있으며 주로 수관의
열린 말단에서 자라고 시간이 지나면 붉게 변해 나뭇가지 전체를 다홍색으로
물들인다. 종 모양의 향기 그윽한 꽃은 풍성한 다발로 아래에 매달리고, 작은
흰색 풀잎 치마를 입은 듯 술이 달렸다.

　　열매는 꽤나 특이하다. 큰 구슬만 한 구체에 선명한 코발트블루 색이다.
그러나 세상에 몇 안 되는 다른 푸른색 열매들이 안토시아닌이라는 화학 색소를
포함하는 것과 달리 블루콴동의 열매에는 색소가 전혀 없다. 이 열매는 오로지
파란색만 반사하는 독특한 표면 구조에 의해 푸른 빛을 낸다. 이 방식은 공작의
깃털이나 무지갯빛 나비의 날개와 유사하지만 식물에서는 거의 알려진 바가
없다. '이리도솜^{iridosome}'이라고 부르는 신기한 구조가 열매껍질의 맨 바깥
세포벽 아래에 대단히 정밀한 그물망처럼 배열되어 표면의 앞뒤로 튕겨 나가는
광파 사이에 간섭을 일으켜 색을 낸다. 밝기가 밝을 뿐 아니라 놀랍도록 오래
지속되는 이 푸른색은 1밀리미터의 몇백만분의 일의 정확도로 작동하는 견고한
구조에 의해 발생한다. 이러한 구조색은 씨를 퍼트리는 데 유리하다. 땅에
떨어진 지 오래된 열매라도 여전히 밝고 푸르게 빛나므로 짐승의 주의를 쉽게
끌기 때문이다. 또한 다른 열매들과 달리 블루콴동은 빛이 겉껍질을 통과해
광합성이 가능한 아래층까지 내려가므로 생장에도 유리하다.

　　열매는 화식조, 윔푸비둘기, 안경날여우박쥐 등 많은 숲속 거주자들의
중요한 식량인데, 이 동물들 모두 숲속의 오만 가지 색깔 속에서 이 푸른색을
구별해 낸다. 이들은 과육은 맛있게 먹고 그 안에 들어 있는 주름진 핵과와 씨는
온전하게 퍼트린다. 핵과는 정교한 조각 작품 같고, 안에 여러 개의 씨가 들어
있다. 불교나 힌두교에서는 염주나 목걸이를 만드는 데 사용한다.

　　열매를 너무 일찍 따면 넘길 때 떫은맛이 자극적이지만 살짝 농익었을 때는
아주 맛있다. 하늘색 음식을 입에 넣는다는 것이 좀 찜찜할 뿐.

누벨칼레도니

세브블루 <small>Sève Bleue</small>

Pycnandra acuminata

오스트레일리아와 피지 중간쯤 자리한 프랑스령 누벨칼레도니섬은 바람과
파도에 흔들리는 야자나무와 산호초가 전부는 아니다. 신기한 지리적 우연으로
길이 350킬로미터, 너비 약 65킬로미터의 본도 그랑드테르섬은 놀랍게도
세계에서 니켈 매장량이 다섯 번째로 많다. 이 지역 노천광은 세계 니켈
수요량의 10분의 1을 충족시킨다.

  가뜩이나 양분이 부족한 토양에 독성이 강한 금속과 함께 갇혀 버린
세브블루는 이런 환경을 최대한 이용하도록 진화했다. 세브블루는 약 15미터
높이로 자라고, 작고 하얀 꽃이 핀다. 여기까지는 평범하다. 그런데 나무를
잘랐을 때 속껍질에서 배어 나오는 유액은 야광의 푸른빛이 도는 녹색이다.
칼로 가지에 상처를 내면 터키색의 반짝이는 작은 액체 방울이 스며 나온다.
세브블루는 '푸른 수액'이라는 뜻인데 끈적거리는 유액의 무려 11퍼센트(건조
질량의 4분의 1) 이상이 니켈로, 어떤 살아 있는 물질보다도 대량으로 농축되었다.
다 자란 나무에는 니켈이 35킬로그램 이상 들어 있다.

  세브블루는 니켈이 필수적인 세포 활동을 방해하지 않도록 구연산과 함께
착화합물을 형성해 니켈을 따로 격리한 다음 유액으로 옮긴다. 반면에 주변의
다른 식물들은 애초에 니켈을 흡수하지 않도록 진화해 복잡한 절차를 피한다.
세브블루는 니켈을 값싼 독극물로 이용하여 곤충의 접근을 막으려는 것 같다.
세브블루는 금속을 과다 축적하는 식물의 가장 극단적인 예다. 그러나 세계에는
이 밖에도 중금속을 흡수하는 많은 식물이 있으며 연구와 개발을 통해 오염된
토양을 정화하는 식물 환경 복원 과정에 효율적으로 사용되고 있다.

지중해사이프러스는 또 다른 중요한 금속과 밀접한 관련이 있다.(69쪽 참조)

세브블루 ✳ 산람과

160

뉴질랜드

카우리소나무 ^{Kauri}

Agathis australis

지명도로 보나 역사 문화적인 역할로 보나 카우리소나무는 캘리포니아
해안의 세쿼이아(209쪽 참조)의 대척점에 있다. 뉴질랜드 북쪽 끝에 제한적으로
서식하는 웅장한 나무로 45미터 높이까지 자라고 대다수가 500~800년을
산다. 5미터 길이의 듬직한 '뿌리 못'이 나무의 곁뿌리에서 아래로 가지를
뻗으며 강한 바람에도 끄떡없는 튼튼한 닻이 된다. 회색으로 매끄럽게 칠해진
줄기는 신기할 정도로 원통형이며 지름은 약 5미터로, 위로 올라가도 좁아질
기미가 보이지 않고, 나뭇가지는 아주 높은 곳에서나 뻗어 나온다는 점에서
특별히 눈길을 끈다. 기생성 식물이 줄기에 들러붙으면 영리하게도 나무껍질을
떼어내 통째로 내던진다. 그러나 나무의 수관은 난, 양치류, 심지어 다른
나무까지 포함하는 생태계 전체를 먹여 살린다.

　　카우리소나무는 잘 발달한 또 다른 방어 메커니즘을 장착했다. 나뭇진이다.
이 진액은 강력한 살균, 곰팡이 제거 성분이 있을 뿐 아니라 상처를 덮고,
나무로 파고드는 곤충을 가둬 버림으로써 물리적 방어막을 형성한다. 나무가
이 나뭇진을 아주 넉넉히 만드는 덕분에 가지 사이의 갈라진 틈 여기저기서
배어 나오는 진액을 쉽게 채취할 수 있다. 약 5만 년에서 3만 년 전 사이에
카우리나무가 자라고 죽는 과정을 반복하는 동안 어마어마한 양의 진액이 땅에
떨어져 지표 아래 10미터 깊이로 겹겹이 쌓여 화석이 되었다.

　　13세기 무렵에 폴리네시아에 도착한 마오리족 사람들은 이 진액을
불쏘시개 또는 구강 청결제로 사용했고, 여럿이 모인 자리에서 함께 씹었다.
또한 진액을 태워 검은 가루로 만든 다음 지방질과 섞어 문신을 새기는 염료를
만들었는데, 동물 뼈로 만든 끌로 피부를 찢고 초록색이 감도는 흑청색의
혼합물을 넣어 고통스럽게 문양을 새겼다.

　　1840년대에는 '파케하^{pakeha}', 즉 유럽에서 건너온 사람들이 뉴질랜드로
대규모 유입되었다. 이들은 카우리나무 목재로 교량을 세우고 배를 주조했지만,
여기저기 널려 있는 진액 덩어리를 가지고는 난로의 불쏘시개로 쓰거나
이색적인 예술품을 조각하는 것 외에 달리 수익성 있는 용도를 찾지 못했다.
그러다 일부 샘플이 미국과 영국 런던에 보내졌고, 마침내 제조업자들이 카우리
진액을 다양한 기름에 녹여 극도로 튼튼한 야외용 광택제로 만들면 배의
갑판이나 철도의 객차 제작에 매우 유용하다는 것을 발견했다. 한순간에 카우리

진액은 대단히 가치 있는 상품이 되었다.

사람들은 땅에 널려 있던 카우리 진액을 모조리 모아서 팔았다. 그러나 훨씬 많은 양이 지표 아래와 늪에 묻혀 있었다. 진액 덩어리를 캐려는 수천 명의 '고무진 채굴자'들이 마치 캘리포니아의 골드러시를 연상시킬 정도로 몰려들었다. 이 작업에는 비싼 광산용 장비가 필요 없이 단련된 강철로 만든 가늘고 날카로운 쇠막대만 있으면 됐다. 사람들은 쇠막대가 진동하는 소리를 듣고 땅에 묻힌 카우리 진액을 찾아냈는데, 작은 조약돌 크기에서 장정 세 명이 들어야 할 정도로 큰 덩어리까지 크기가 다양했다. 50년 동안 카우리 '고무'는 적어도 채굴의 전성기 동안에는 양모, 금, 목재를 넘어서는 뉴질랜드에서 가장 중요한 수출품이었다. 1890년대 후반부터 제1차 세계대전 사이에 1만 명에 달하는 탐색꾼들이 총 15만 톤의 카우리 고무를 수출했는데, 오늘날의 화폐 가치로는 거의 10억 파운드(한화로 약 1,400억 원)에 달했다. 정부는 고무 채굴권을 내주는 대가로 채굴자들에게 땅의 물을 빼고 개간하게 했다. 이렇게 지불된 비용은 수출 관세와 더불어 뉴질랜드가 학교, 도로, 병원과 같은 기반 시설을 짓는 데 유용하게 쓰였다.

카우리 고무 화석이 고갈되자 사람들은 손에 토마호크(원주민들이 쓰던 도끼)를 들고 발에는 스파이크가 달린 신발을 신고 나무를 타고 올라가 줄기에 칼집을 내고 나무에서 직접 수액을 받았다. 이들은 6개월마다 돌아와 수피에 칼집을 내고 상처에서 진액을 받았다. 사람들은 끝없는 욕심으로 진액을 과도하게 채취했고 이는 결국 나무의 수명을 단축시켰다.

1910년에 아마씨 기름, 코르크 가루, 그리고 저품질의 카우리 고무 조각을 함께 섞어 튼튼하고 쉽게 닦이고 내구성이 있는 재료가 만들어지면서 카우리 고무 사업은 활력을 되찾았다. 바로 리놀륨이다. 하지만 제2차 세계대전이 끝난 직후 도료와 리놀륨 제조자들이 합성 대체물을 찾으면서 시장이 붕괴했다. 오늘날 뉴질랜드 북부의 농경지와 과수원을 보면 불과 120년 전에 이 지역의 주요 산업이 고무진 채굴이었고 그것이 이 나라의 번영을 뒷받침했다는 사실을 믿기 어렵다. 마오리족과 파케하들이 도착하기 전에는 카우리 산림이 무려 15,500제곱킬로미터의 땅덩어리를 뒤덮고 있었다는 사실은 더욱 믿기 힘들다.

카우리나무 진액은 파라고무나무처럼 개발자들이 몰려들게 했다. (138쪽 참조)

카우리소나무 ✻ 남양삼나뭇과

통가

꾸지나무 Paper Mulberry

Broussonetia papyrifera

꾸지나무는 폴리네시아로 이주한 정착민들과 몇 번의 건너뛰기를 통해 타이완에서 통가에 도착했다. 태평양 군도의 촉촉한 화산 토양을 즐기며 1년이면 3~4미터로 급성장하는데, 이때 수확하지 않으면 20미터까지 너끈히 자란다. 이 나무의 보물은 속껍질에서 얻어지는 섬유다. 이 섬유는 당분과 기타 화학 물질을 이송하는 도관을 지탱한다. 펙틴과 고무진에 의해 단단히 붙어 있는 긴 세포 가닥으로 만들어진 꾸지나무 섬유는 유난히 질기고 튼튼하다. 폴리네시아인들은 이 섬유를 특별한 용도로 사용하는데, 바로 전통 수피포樹皮布(나무껍질 옷감)인 타파tapa를 만든다. 통가에서 꾸지나무는 특별히 이 목적으로 재배된다. 일본에서는 꾸지나무 속껍질로 화지를 만든다. 화지는 다양한 전통 공예에 사용되는 질긴 종이다. 중국에서는 기원후 약 100년쯤에 최초의 종이 제작에 꾸지나무 껍질이 사용되기도 했다.

　　타파를 제작하는 방법은 다음과 같다. 우선 손바닥 너비에 수 미터 길이로 나무껍질을 벗겨 잘 씻고 속껍질을 긁어낸다. 벗긴 조각을 원래 너비의 거의 3배가 되도록 두드려 편 다음, 한 겹 한 겹 겹쳐서 쌓고 망치로 잘 눌러 압축한다. 이때 잘 붙지 않으면 소량의 타피오카 전분을 첨가한다. 리듬에 맞춰 퉁퉁 울리는 나무망치 소리가 통가 마을에서 흔하게 들린다. 이렇게 만든 베이지색 정사각형 천을 잘 연결해 검은색과 짙은 갈색으로 전통적인 기하학 문양을 찍어 내거나 염색, 색칠, 스텐실을 하고, 물고기와 식물 문양 등으로 정교하게 디자인하여 멋들어진 벽걸이를 만든다. 공공건물에는 너비 3미터에 길이가 15~30미터에 이르는 대형 작품이 걸리기도 한다.

　　통가에서는 완성된 작품을 냐투ngatu라고 부르는데, 냐투는 결혼 및 장례 예식에서 벽걸이 장식이나 방의 가림막으로 사용하는 귀한 선물이다. 원래 타파 천은 기름이나 수액을 먹여 방수 코팅을 한 후 의복으로 만들었다. 그리고 여전히 전통 혼례 의상의 재료로 사용된다.

　　타파 제작은 중요한 공예 수입원이기도 하지만 가장 큰 가치는 소중한 작품에 들이는 공동의 노력에 있다. 선조의 문화유산을 되찾으려는 폴리네시아인들은 나무껍질을 두드리고 펴고 붙이는 과정이 사람들을 한데 끌어모으는 구심점이 되고, 이것이 오늘날 하와이와 뉴질랜드에 거주하는 통가와 피지인들에 의한 타파 제작의 부활을 설명한다고 말한다.

　　　　　　　　　　　　　　　　　　　　　　　꾸지나무 ✻ 뽕나뭇과

미국, 하와이

코아나무 Koa
Acacia koa

하와이 군도는 태평양에 모여 있는 일련의 화산섬으로, 가장 가까운 대륙에서
3,200킬로미터나 떨어져 있다. 하와이를 제외하면 지구상 다른 어디에서도
자생하지 않는 코아나무는 아마 150만 년 전에 오스트레일리아에서 건너온
조상으로부터 진화했을 것이다. 코아나무는 생장이 왕성한 나무로 첫 5년 동안
키가 10미터나 자라고, 다 자라면 초라한 관목에서 고딕 양식의 무늬를 그리는
옹이투성이의 넓게 퍼진 거목까지 다양한 수형을 가진다. 이 종은 생태계에서도
인심 좋은 후원자로 새와 곤충들에게 먹이와 머무를 곳을 넉넉히 제공한다.
나이 많은 나무의 질기고 비늘 같은 껍질에는 화려한 주홍색 지의류가 자란다.
뿌리혹에는 질소 고정 세균이 머물고 있어 척박한 토양에서도 나무가 잘 자라게
돕는다. 나무에서 떨어진 낙엽은 땅을 비옥하게 한다. 코아나무는 잎도 평범치
않다. 어린 코아나무 잎은 예쁜 은녹색의 복엽이지만 다 자란 나무에는 추가로
초승달 모양의 헛잎이 자란다. 이 가짜 잎대는 사람 손만큼 길고 납작하다. 두
가지 형태의 잎을 내는 유연함 덕분에 그늘은 물론 태양이 온전히 내리쬐는
장소까지 다양한 환경에서 자란다.

　　놀랍게도 1만 6천 킬로미터 떨어진 인도양의 레위니옹섬에 서식하는
아카시아 헤테로필라*Acacia heterophylla*라는 종이 하와이의 코아나무와
기막히게 닮았다. 유전 분석 결과 이들의 관계는 단일 종자가 최장 거리를
이동해 옮겨간 경우로 드러났다. 코아나무 열매는 작고 부푼 연노란색 꽃이 진
다음에 나오는데, 손 길이의 꼬투리열매 안에 갈색 콩 같은 종자가 들어 있다.
코아나무 종자는 바닷물이 닿으면 잘 손상되므로 아마 약 140만 년 전, 한 마리
새가 이 종자를 뱃속에 넣거나 다리에 붙여 하와이에서 레위니옹까지 가져갔을
것이다.

　　인간이 도착하기 전 하와이에는 괴상한 박쥐 외에 다른 육지 포유류가
없었으므로 코아나무를 비롯한 섬의 식물들은 가시나 독성 또는 아린 맛이 나는
화학 물질을 생산할 진화적 압박이 없었다. 그러므로 오늘날 코아나무는 수가
불어난 소들에게 속수무책으로 당하고 있다. 이놈들은 어린 코아나무를 일삼아
먹어 치우고, 코아나무의 얕은 뿌리를 함부로 밟아 뭉갠다. 이제 코아나무는
보호 대상이 되었고 나무가 갱생하는 동안 세계에서 가장 비싼 목재로 팔린다.
코아 목재는 전통적으로 고급 가구나 우쿨렐레를 만드는 데 사용되며, 마호가니

코아나무 ＊ 콩과

색이나 붉은색, 황갈색의 윤기가 흐르게 광을 낼 수 있다. 또한 호안석 같은 다양한 색채가 홀로그램의 반짝이는 환영을 보여 준다.

하와이 문화에서 코아에 대한 자부심은 대형 카누와 연관이 깊다. 먼 바다를 항해하는 길이 30미터, 깊이 2~3미터의 커다란 카누는 거친 바다에서도 뒤집어지지 않도록 물에 뜨는 현외 장치를 장착했으며 한때 섬 사이를 오가는 주요 이동 및 운송 수단이었다. 배의 선체는 거대한 코아 통나무 하나로 만들었는데, 단단하고 내구성이 좋아 여러 차례의 항해에도 살아남았기 때문에 힘들여 제작할 가치가 있었다.

이렇게 긴 카누 제작은 오직 부족장만이 감당할 수 있는 일이었다. 가업을 물려받아 대형 카누 제작을 독점한 목수는 많은 양의 식량과 엄청난 보수를 요구했다. 작업에 들어가기 전에 타로, 빵나무, 코코넛, 고구마 등의 작물을 심었고, 일꾼들은 선물을 주지 않으면 일손을 놓기 일쑤였다. 그러나 카누 제작은 영적인 활동이기도 했다. 모든 과정 하나하나가 성스러운 의식처럼 진행되었고 사제이자 카누 제작 전문가인 카후나kahuna kalaiwa'a가 이를 감독했다. 카후나는 숲에서 적당한 나무를 골라 손질하는 동안 불길한 징조가 없는지 살폈다. 제작 기간에는 '카푸kapu'가 적용되었는데, 이 종교적인 금기(바로 여기에서 통가어 '타푸'를 거쳐 영어의 '터부taboo[금기]'라는 말이 유래했다)는 외부인의 침입을 금하고 일꾼들이 먹는 음식과 식사 시간까지 관리했다. 완성된 카누는 식물 추출물과 기름을 섞은 광택제로 장식했다. 사제와 족장은 돼지, 물고기, 코코넛을 차린 신성한 연회와 함께 진수식을 거행했는데, 이는 귀빈이 샴페인 병을 뱃머리에 내리치고 "신이시여, 이 배와 이 배로 항해하는 모든 이를 축복하소서"라고 외치는 현대판 서양 진수식과 다르지 않다.

오리나무 역시 뿌리혹에 질소 고정 세균을 품고 있다.(57쪽 참조)

칠레

칠레소나무 ^{Monkey Puzzle}

Araucaria araucana

칠레소나무의 뾰족한 잎이 만들어 낸 갑옷은 필요 이상으로 사납게 설계된
것처럼 보일지도 모른다. 그러나 실은 초식 공룡을 막아 내기 위해 꼭 필요했던
과거의 잔재다. 오늘날 칠레의 상징수인 이 나무는 백악기에 기후 변화와 새로
진화된 종과의 경쟁이 모든 것을 쓸어가 버릴 때까지 현재의 유럽 저지대(벨기에,
네덜란드, 룩셈부르크)에서 공룡과 함께 살았다.

　　칠레소나무는 칠레와 아르헨티나의 안데스 지방 구릉 지대에 자생하는
상록성 침엽 교목이다. 염분에 대한 내성이 있어 해안가에도 서식한다. 이곳은
번개가 자주 치는 화산 지역이라 나무는 수피를 두껍게 키워 이런 환경에
적응했고, 덕분에 화재가 숲을 쓸고 지나갔을 때 경쟁자보다 유리했다.

　　아마도 1,300년은 살 수 있을 이 나무는 파충류처럼 생겼다. 나뭇가지가
줄기의 한 지점에서 모여나므로 청소 솔처럼 구부러져 분지한다. 광택이
있는 짙은 녹색 잎은 생장 중인 가지 끝에서 색이 연해지고 뾰족하며 가지를
나선형으로 촘촘하고 완벽하게 감싼다. 어린나무는 피라미드 모양이지만,
자라면서 낮은 가지를 떨어내기 때문에 오래된 나무는 산속에 자라는 나무치고
드물게 키가 크고 줄기가 곧다. 수피에는 때로 정교한 모자이크 무늬가
있고, 수관은 특유의 우산 모양이다. 다음 세대가 될 종자는 녹슨 오렌지색
솔방울에서 나온다. 칠레소나무의 종자 산포 방식에 관한 미스터리는 최근에야
풀렸다. 수백 개의 개별 종자 안에 작은 자석을 심고 추적한 결과, 주로 오후
3~9시에 설치류에 의해 수집되어 굴속에 저장되는 것으로 밝혀졌다. 나머지는
새나 소에 의해 산포된다.

　　칠레소나무의 현지 명칭은 '페우엔^{pehuén}'이다. 단백질이 풍부한 씨앗인
'잣^{piñones}'은 수백 년 동안 부족의 식단과 문화에 대단히 중요했기 때문에
토착 마푸체족 중 하나인 '페우엔체족^{Pehuenche}'은 부족의 이름을 이 나무에서
따왔다. 칠레소나무 잣은 불에 굽거나 갈아서 먹고, 추위에 내성이 있는 특별한
이스트를 사용해 '무다이^{muday}'라는 일종의 맥주로 발효시켜 마시기도 한다.
마푸체족에게 칠레소나무는 경제적, 종교적으로 중요하며, 수확과 다산 의식의
무대에서 중심을 차지한다.

　　이 종이 처음 유럽인들과 마주한 것은 1780년에 한 스페인 탐험가에
의해서였다. 그리고 1795년에 식물학자이자 의사인 아치볼드 멘지스가

처음으로 영국에 소개했다. 칠레 총독과의 식사 중에 씨앗 한 그릇이 나왔는데 멘지스가 그 일부를 몰래 주머니에 넣어와 심었다는 이야기가 전해진다. 굽지 않은 씨앗은 맛이 없었을 테니 실제로는 멘지스가 배로 돌아가는 길에 길가에 떨어진 솔방울 하나를 집어 들고 갔다는 게 더 맞을 것이다. 어느 쪽이든, 씨앗은 배 위에서 싹을 틔웠고 그는 몇 그루의 건강한 칠레소나무를 가지고 영국으로 되돌아갔다. 그중 하나가 100년이나 살아남아 런던의 큐 왕립식물원에서 명물로 대접받고 있다.

　'원숭이 퍼즐'이라는 이 나무의 유명한 별명은 1850년, 영국 콘월주의 한 정원을 방문한 변호사가 정원 주인이 이 나무에 20기니라는 엄청난 돈을 지불한 것을 보고 "원숭이도 황당해 나무 위로 올라갈 것이다"라고 말한 데서 유래했다. 빅토리아 시대 후기의 대규모 사유지에 원숭이퍼즐나무가 늘어선 인상적인 진입로를 만들려는 지주들의 열망 덕분에 수집가들이 종자를 대량 공급하게 되면서 값이 떨어지고 적어도 영국에서는 이 나무가 비교적 시민적인 수종으로 취급받았다. 칠레에서는 야생종 전체가 보호종으로 지정되었지만, 농경지 확장에 따른 서식지 파괴로 멸종 위기에 처했다. 이제 진짜 퍼즐은 공룡보다 오래 살아남았지만 공간을 두고 인간과 경쟁해야 하는 나무를 어떻게 보존할 것인가에 있다.

　　　　　　　　　　　　　　　　　　　칠레소나무　❋　남양삼나뭇과

자카란다 Blue Jacaranda

Jacaranda mimosifolia

아르헨티나 북부에서 가장 아름다운 수출품으로 각광받는 자카란다는
아열대와 따뜻한 온대 지방에서 도시의 거리를 화환으로 장식하는 우아한
나무다. 날씬한 나뭇가지는 선*禪* 세공을 한 듯한 둥근 수관을 이루고, 아름다운
장관을 망칠 새라 잎이 하나라도 나오기 전에 서둘러 꽃 전시회를 연다. 두 달
동안 나무 전체가 꿀벌을 부르는 향기를 풍기고, 트럼펫 모양으로 환상적이고
강렬하게 만개한 라벤더블루 색 꽃으로 빈틈없이 뒤덮인다. 실로 넋을 잃고
바라보게 되는 기분 좋은 풍경이다. 여린 잎들이 등장하는 때가 오면 팔랑대는
복엽이 부드러운 그늘을 드리우고, 대담한 고사리 초록색이 생생하게 피어난다.
시드니, 프레토리아, 리스본, 그리고 파키스탄과 카리브해 지역 여기저기
심어져 도심의 대로에는 담자색 목걸이를 걸고 좁은 교외의 거리에는 자수정
캐노피를 늘어뜨린다. 꽃잎이 떨어질 때면 바닥에 보라색 카펫이 깔리는데,
차에 얼룩이 진다고 투덜대는 속 좁은 운전자나 깔끔쟁이들을 제외하고
모두에게 큰 기쁨을 준다.

　순수한 기쁨까지 합리화해야 직성이 풀리는 결핍된 영혼들은 가로수를
훌륭한 투자 대상으로 생각한다. 연구에 따르면, 가로수는 공기의 질을
개선하고 도시의 열을 식히고 홍수를 예방하고 정신 건강과 지역 사회의
응집력에 이바지한다. 이런 혜택은 비용을 훨씬 웃도는 것이다. 각 지역은
나름의 개성과 고유한 생태계가 있으므로 새로운 종을 들여오는 일에 매우
신중해야 한다. 그러나 당신이 따뜻한 나라에 살고 있다면, 거리의 풍경을
자카란다나무로 조금 덧칠하는 것이 땅의 가치를 높이는 효율적이면서도
대중적인 방법이 될 것이다.

왕벚나무도 아름다움 때문에 도시에 식재된다.(136쪽 참조)

페루

키나나무 ^{Quinine}

Cinchona spp.

현재 페루와 에콰도르의 상징수인 키나나무(기나나무, 퀴닌)는 세계 역사의
흐름을 바꾸었다. 키가 25미터에 달하는 이 잘생긴 나무는 20종 이상이 있다.
잎은 커다랗고 반짝거리며 잎맥이 두드러진다. 기분 좋은 향이 나는 꽃은
흰색부터 라일락핑크빛까지 있고 때로 털이 달렸으며 몇 송이씩 함께 나고
보통 나비와 벌새가 꽃가루받이를 한다. 그러나 진짜 흥미로운 것은 키나나무의
나무껍질이 말라리아 치료에 효능이 있다는 사실이다.

17세기 초, 스페인 식민지 개척자들과 예수회 선교사들이 페루에서
처음으로 키나나무 껍질을 알게 되었을 때, 남아메리카에는 말라리아가
없었다. 어떤 역사학자들은 키나나무가 말라리아와 관련 없는 고열을 치료하는
데 사용된 케추아족의 약물이었으며 유럽인들로 하여금 기적 같은 행운의
추측을 하게 만든 것도 바로 이것이었다고 말한다. 유럽에서 말라리아가
유행했을 때 사람들은 키나나무 껍질이 치료와 예방에 모두 효과적이라는 것을
알았다. 키나나무 껍질은 금세 스페인 전역으로 전파되어 널리 사용되었다.
아이러니하게도 말라리아라는 병은 없고 치료법밖에 없던 대륙에 노예 무역을
통해 아프리카에서 말라리아를 들여온 것도 바로 스페인 사람이었을 것이다.
유럽인들은 케추아족과 맺은 허울뿐인 '동업자' 관계를 통해 이 지역에 산업을
일으켰고, 유럽으로 나무껍질을 운반해 가는 선단과 함께 키나나무의 대량
벌목이 시작됐다.

'예수회의 나무껍질'은 프로테스탄트들의 의심을 샀다. 스페인과 가톨릭의
연관성 때문이었다. 영국에서 올리버 크롬웰은 '악마의 가루'를 먹는 대신
말라리아 합병증에 걸려 죽는 편을 택했다. 그러나 1679년에 키나나무는
프랑스에서 루이 14세의 아들을 치료했다. 그리고 그 후 250년 이상 대체
약품이 합성될 때까지 유일한 말라리아 예방책이자 치료법으로 쓰였다.

이제 우리는 키나나무 껍질에 알칼로이드 성분이 혼합된 약물(퀴닌)이
함유되었다는 것을 안다. 이 성분은 곤충에 대한 방어 기작으로 진화했으며
실제로 케추아족에게 의학적인 가치가 있었을 것이다. 영어명인 '퀴닌^{quinine}'은
케추아족 말로 '나무껍질 중의 나무껍질'에서 왔다. 퀴닌은 사람이 먹으면
사람의 피가 말라리아 기생충에게 독으로 작용하는 희귀한 능력이 있다.

말라리아는 유럽에서 20세기까지 골칫거리였다. 그러나 열대 지방에서

이 질병은 유럽의 식민지 야심을 저지시켰다. 악성 바이러스가 아프리카와 아시아로 모험을 떠난 유럽인 절반 이상의 목숨을 앗아갔다. 북아메리카에서 영국인들이 버지니아에 정착하던 시기에 아메리카 원주민 손에 죽은 사람보다 세균에 의한 렙토스피라증으로 죽은 사람이 더 많았다. 질병의 억제는 전략적인 최우선 과제였고 비싼 값을 치러야 했다. 수익성 높은 물자의 독점권을 보호하기 위해 남아메리카 국가들은 잘라 낸 키나나무나 그 종자를 반출하다 걸리면 사형시켰다. 그러나 숲은 키나나무를 향한 탐욕적인 수요를 맞출 수 없었다. 19세기에 네덜란드와 영국은 가까스로 키나나무를 남아메리카 밖으로 빼내어 직접 플랜테이션을 운영하기 시작했다. 1930년대에는 네덜란드 동인도회사가 세계 키나나무의 대부분을 공급했다. 그러나 제2차 세계대전을 거치며 키나나무는 전략적인 힘과 권리의 근원이 되었다. 일본이 자바섬과 키나나무 공급을 장악하자 미국은 페루에서 수백 톤의 키나나무를 수입했다. 그러나 그걸로는 충분치 않았다. 키나나무가 부족해 수만 명의 미국 병사들이 속수무책으로 죽어 나갔다.

키나나무가 없었다면 유럽 식민지는 열대 지방까지 확장하지 못했을 것이다. 영국령 인도 제국은 키나나무 수피에서 추출한 하얀 가루를 타 먹는 '토닉 워터'에 의존했다. 쓴맛을 가리기 위해 진, 레몬, 설탕을 넣어 좀 더 마시기 좋게 만든 이 음료는 진토닉이 되었다. 오늘날 토닉 워터에 퀴닌은 소량만 들어가지만 나이트클럽의 자외선 조명 불빛 아래에서 연한 청색 형광빛을 내기에는 충분하다.

키나나무는 빵나무처럼 제국의 전략 계획 대상이었다.(196쪽 참조)

키나나무 ✳ 꼭두서닛과

에콰도르

발사나무 ^{Balsa}
Ochroma pyramidale

발사나무는 열대 아메리카 자생으로 대부분 에콰도르 산림과 플랜테이션에서
온다. 이곳에서 발사나무는 화려하게 살다가 일찍 죽는다. 속명인
오크로마*Ochroma*는 '창백하다'는 뜻이다. 이름처럼 창백한 베이지색에
깃털처럼 가벼운 이 나무는 모형 제작자들에게 잘 알려졌다.
발사나무 꽃은 특별하다. 완벽한 수직으로 자라는 꽃눈은 벨벳 감촉의
아이스크림콘 크기와 모양이다. 꽃은 저녁에 개화해 다섯 개의 크고 두꺼운
크림 화이트 꽃잎을 드러낸다. 이는 꿀을 후하게 제공하겠다는 자신만만한
초대다. 밤중에 개화한다는 것은 보통 박쥐가 꽃가루받이를 한다는 상징이지만,
발사나무의 꽃가루는 카푸친원숭이와 킨카주너구리, 그리고 올링고가
운반한다.
한 줄기 빛으로도 나무는 광적으로 자라는데, 줄기가 매끄럽고
부자연스러우리만치 원통형이다. 7년 만에 30미터까지 자라며 굵기가 어른
주먹보다 조금 크다. 줄기 안에 수분을 함유하는 커다란 세포가 있는데, 이것이
목질부를 스펀지처럼 만든다. 그러나 일단 수분이 완전히 마르면 남은 세포
구조는 대단히 견고해지므로 숙성된 발사 목재는 터무니없이 가벼운 무게에
비해 놀라울 정도로 빳빳하다. 이렇게 가벼운 목재는 보통 뗏목을 만드는 데
사용된다. 1947년, 노르웨이 민족지학자이자 수영을 못하기로 유명했던 토르
헤위에르달은 초기 남아메리카인과 폴리네시아인들의 접촉 가능성을 몸소
보여 주기 위해 발사 통나무로 만든 뗏목 콘티키호를 타고 페루에서 태평양을
건너 8천 킬로미터를 항해한 끝에 타히티 근처에 상륙했다. 이 3개월의 항해는
발사나무 뗏목을 이용한 항해가 가능하다는 가설을 완벽하게 지지했다(현재는
폴리네시아인들이 동남아시아에서 이주해 정착했다고 생각한다).
제2차 세계대전 당시 영국에는 알루미늄이 부족했으나 상대적으로
목공들은 많았다. 드 하빌랜드 항공회사는 목재로 날렵한 모스키토 전투기를
제작했다. 시속 640킬로미터의 '발사 바머^{Balsa Bomber}'는 세계에서 가장 빠른
작전용 비행기 중 하나가 되었다. 기체는 자작나무 층 사이에 가벼운 발사나무
판재를 넣고 접착해서 만들었다. 발사나무 복합재는 오늘날에도 풍차 날개와
서핑 보드 제작에 사용된다. 드 하빌랜드 기술자들에게 가짜 같은 목재로
진짜를 만드는 것보다 더 자연스러운 것이 있었을까?

볼 리 비 아

브라질너트 ^{Brazil Nut}

Bertholletia excelsa

브라질너트는 아마존과 오리노코 분지 전역에서 자란다. 하지만 수입산 브라질너트 대부분은 브라질이 아니라 볼리비아산이다. 그리고 엄밀히 말해 브라질너트는 견과를 뜻하는 너트^{nut}가 아니라 종자다. 그 외에 브라질너트라는 이름에 문제는 없다. 브라질너트 나무는 숲 바닥 위로 높이가 50미터까지 자라고 수피가 깊이 갈라지며 회색빛 줄기는 곧게 자라고 대개 아래쪽에는 가지가 없고 위쪽에 콜리플라워 모양의 수관이 얹힌 형상이라 쉽게 식별할 수 있다. 커다랗고 하얀 꽃은 크고 육중한 벌이 꽃가루받이를 하는데, 어쩌다 바닥까지 날아 내려오지 않는 한 사람의 눈에 거의 띄지 않는다.

꽃이 시든 후에는 열매가 1년 이상 걸려 자라고, 다 익으면 야구공만 한 크기의 둥근 목질의 삭과가 된다. 각각은 무게가 2킬로그램이나 나가고, 최고 시속 100킬로미터로 예고 없이 땅에 곤두박질쳐도 신기하리만치 흠집 하나 나지 않는다. 열매를 수확하는 일은 보기보다 힘든 작업이다. 열매는 단단해서 껍질을 깨고 속으로 들어가기 어렵다. 종자 산포는 기니피그의 친척인 아구티가 도맡는다. 아구티는 날카로운 이빨로 악명 높은 설치류인데, 열매의 겉껍질을 뚫을 정도로 집요하고 끈질기며, 열매 하나에 10~20개씩 들어 있는 종자를 민첩하게 회수한다. 각 종자에는 개별 껍데기가 있는데, 호두까기로 일일이 알맹이를 까는 번거로운 작업이 아구티에게는 전혀 짜증나는 일이 아니다. 아구티는 종자의 일부는 먹고 나머지는 땅에 묻는데, 고맙게도 가끔 어디에 묻었는지 잊어버린다. 종자는 주위의 나무가 쓰러져 햇빛이 비치고 싹을 틔울 기회가 주어질 때까지 여러 해를 기다리며 휴면 상태로 머무른다.

브라질너트는 널리 유통되는 식품임에도 여전히 대부분 자연에서 채취되는 드문 경우로, 브라질너트가 큰 소득원이자 여기에서 주요 단백질과 지방질을 섭취하는 원주민들이 채취한다. 1년이면 한 나무에서 겨우 300개 이상, 총 100킬로그램의 너트가 들어 있는 열매를 생산한다. 이처럼 귀중한 비목재성 산림 생산품은 나무 보호를 향한 강한 동기를 제공한다.

이 종은 자연적으로 존재하는 미량의 방사성 원소를 흡수해 열매에 농축시키는 특별한 능력이 있다. 그래서 브라질너트를 즐겨 먹는 원자력 작업자들은 정기 검진 시 깜짝 놀랄 정도로 높은 수치의 방사능을 띠는 경우가 있다. 다행히 건강을 염려할 정도는 아니다.

183 　　　　　　　　　　　　　　　　　　　　브라질너트 ✻ 오예과

브라질

브라질나무 ^{Brazilwood}

Paubrasilia echinata

브라질나무는 브라질의 상징수이고 또 대서양 연안의 숲 지대가 원산지이지만, 사실 그 이름은 브라질이 아닌 지구의 반대편에서 왔다. 브라질나무는 약 15미터 높이의 아름다운 나무로 꽃대 하나에 밝은 노란색 꽃을 수십 개씩 매달고 있다. 달콤한 감귤 향을 풍기는 꿀이 가득한 꽃은 한가운데가 과녁의 한복판처럼 강렬한 핏빛이다. 타원형의 얇은 꼬투리열매는 마치 가시 돋친 초록색 비스킷처럼 흥미롭게 생겼다. 짙은 갈색의 수피가 커다란 조각으로 벗겨지면, 브라질나무가 널리 알려지고 또 몰락하게 된 원인이 드러난다. 바로 안쪽의 심재(*중심의 단단한 목질부)다.

르네상스 시대 유럽의 멋쟁이들에게 짙은 색 의상은 부의 상징이었다. 특히 붉은색은 구하기가 쉽지 않아 호사스러운 붉은 벨벳은 왕과 추기경의 전유물이 되었다. 붉은 염료의 가장 중요한 원료는 소목*Biancaea sappan*인데, 아시아에서는 기원전 200년 전부터, 유럽에서는 중세 시대 이후로 알려졌다. 당시에는 이 나무를 '브라질^{brasil}나무라고 불렀는데, 아마 포르투갈어로 '타고 남은 불씨'를 뜻하는 '브라사^{brasa}'에서 유래했을 것이다. 사람들은 동아시아에서 비싼 값을 치르고 힘들게 들여온 소목을 공들여 가루 내어(때로는 암스테르담의 빈민 사역장 라습하위스^{Rasphuis}에서 복역 중인 죄수를 동원했다) 선홍색 염료를 만든 다음, 명반과 섞어 모나 견직물에 염색했다.

1500년, 남아메리카에 도착한 포르투갈인들은 눈부신 색소로 장식한 현지인들을 보고 놀라움을 금치 못했다. 그리고 브라질나무의 염료를 함유한 형제 나무를 발견했을 때 이 행운을 믿을 수가 없었다. 그들은 이 나무를 똑같은 이름으로 불렀다. 나무는 어서 베어 가 달라는 듯이 해안 가까이에서 자랐다. 포르투갈 왕은 수출 독점을 승인했고, 마침내 브라질인들을 고용해 통나무를 벌목하고 유럽으로 실어 나르는 수익성 높은 산업이 탄생했다. 이는 아시아에서 수입하는 것에 비하면 훨씬 쉬운 여행이었다. 이 무역 이후로 나라의 원래 이름인 '테라 드 베라 크루즈(진정한 십자가의 땅)'는 '테라 드 브라실(브라실의 땅)'로 바뀌었다.

다른 나라들 역시 이 귀중한 상품을 탐냈고, 브라질나무를 실은 포르투갈 배는 약탈자들이 제일 선호하는 표적이 되었다. 프랑스와 포르투갈은 서로, 그리고 아메리카 원주민과 난전을 벌였다. 1555년에는 한 프랑스 원정대가

브라질나무를 개발하려는 목적에서 현재의 리우데자네이루에 식민지를
세우려다 실패했다. 1630년에는 네덜란드의 서인도회사가 브라질나무 서식
지역 대부분을 소유했고 20년 동안 체계적으로 벌목을 진행해 총 3천 톤을
네덜란드 항구로 보냈다.

　　1870년 무렵에 합성염료가 브라질나무를 거의 대체했지만, 그때는 이미
상당한 개체군이 대량으로 잘려 나간 뒤였고, 브라질나무 목재가 가진 빳빳함과
무게, 울림이 결합된 또 다른 고유한 특징 때문에 숲은 회복할 기회를 얻지
못했다. 18세기부터 오늘날까지 브라질나무는 (브라질의 한 주의 이름을 따서
지은) 페르남부코^{pernambuco}라는 이름의 목재로 세계적으로 유명한 바이올린과
첼로의 활을 만드는 데 사용된다. 현재 야생에 살아남은 2천 그루 미만의
나무를 보호하기 위해 수출이 금지되고 재배를 위한 온갖 노력이 이루어지고
있다. 그러나 야생 숲에서 나온 목재로 만든 활이 더 조밀해 음질이 월등하다.
현재 야생 브라질나무의 주요 위협은 밀수다. 암시장에서 페르남부코는 1년에
수백만 달러의 가치가 있다.

　　　　　　　　　　　　　　　　　　　　　　　　브라질나무 ✻ 콩과

아보카도 ^{Avocado}

Persea americana

아보카도는 영양분이 풍부한 과일로 잘 알려져 있지만, 그 외에도 놀라운 점이 많다. 습한 저지대 산림의 열대 상록수인 아보카도 나무는 생장이 매우 빠르고 보통 20미터까지 크며 두껍고 광이 나는 잎이 제멋대로 빽빽하게 자란다. 잎의 윗면은 짙은 초록색, 밑면은 좀 더 연한색이며, 잎사귀를 짓이기면 구미가 당기는 아니스씨의 냄새가 난다. 그러나 방어 시스템이 훌륭하고 특히 잎은 가축에게 독성이 매우 강하다.

앙증맞은 아보카도 꽃송이는 연한 녹색의 그늘 밑에서 가지 끝에 모여난다. 꽃은 암수 생식 기관이 함께 들어 있지만 성숙하는 시기가 다르다. 자가수분을 막기 위해 아보카도 꽃은 쉽게 보기 힘든 행동을 한다. 꽃은 총 두 번 꽃잎을 여는데, 처음에는 암술이 꽃가루를 받을 준비가 되었을 때 피었다가 닫히고, 몇 시간 후에 수술이 꽃가루를 뿌릴 준비가 되었을 때 다시 한 번 꽃이 핀다. 믿기 어렵게도 한 지역의 모든 나무가 완벽하게 시간을 맞춰 꽃잎을 여닫는다. 꽃가루받이는 첫째, 두 그루의 아보카도 나무가 있고, 둘째, 각각의 암술과 수술이 서로 정확히 상보적인 시기에 성숙하며, 셋째, 곤충이 그 둘 사이를 오갈 준비가 되어 있을 때만 성공한다. 홀로 있는 나무는 거의 열매를 맺지 못하므로 과수원에서는 두 종류의 아보카도 나무를 심어야 한다.

열매는 대개 서양배 모양이며, 하나의 크고 둥근 씨앗이 단단한 라임그린 색의 과육 속에 박혀 있다. 야생 품종인 '크리올로스^{criollos}'는 크기가 작지만, 어떤 재배종은 무게가 2킬로그램이나 나간다. 크고 무거운 열매라면 땅에 떨어졌을 때 자손이 어미나무와 경쟁하지 않도록 씨를 멀리 퍼트려 줄 운반책이 필요하다. 아보카도씨에는 독성이 있으므로 설치류가 땅에 묻어 주리라고 기대할 수는 없다. 이 지역에는 아보카도를 씨와 함께 통째로 삼켜 줄 만큼 큰 동물이 없다. 다만 선사 시대에는 상대적으로 작고 무딘 이빨을 가진 거대한 땅늘보에게 먹혔을 것이라는 게 가장 그럴듯한 가설이다. 땅늘보가 열매를 통째로 삼킨 후 똥으로 씨를 배설하면 새로운 곳에서 싹이 텄을 것이다. 땅늘보는 오래전에 멸종했으므로 이제 아보카도는 종의 확산을 전적으로 인간에게 의지한다. 그리고 인간은 거대한 늘보보다 훨씬 열정적으로 이 임무를 수행해 왔다. 아보카도 재배로 남아메리카와 중앙아메리카 산림이 소실될 정도로 말이다.

　19세기 말, 아보카도가 처음 미국에 도입되었을 때는 파충류 같은 껍질 때문에 '악어 배'라고 불렸다. 그러다 1920년대에 재배업자들은 부정적인 이미지를 쇄신하기 위해 '아보카도'라는 새로운 이름을 지었다. 그러나 편협한 백인 소비자들에게 멕시칸 음식을 팔기는 여전히 쉽지 않았다. 그러다 예상치 않은 방향으로 돌파구가 열렸다.

　고대 마야족 사이에서 아보카도는 문화적으로 생식과 관련이 있다. 그리고 나우아틀어로 원래 이름인 '아와카틀ahuacatl'은 '고환 나무'라는 뜻이다. 아무래도 열매가 쌍으로 매달리기 때문인 것 같다. 1672년에 영국의 원예 작가 윌리엄 휴즈는 "아보카도는 신체에 영양과 정력을 준다. … 엄청난 성욕을 일으킨다"라고 열변을 토했다. 스페인 수도승 역시 같은 이유로 수도원 정원에 아보카도를 심는 것을 금지했다. 이것이 아보카도 산업에 희망을 주었다. (도시 괴담을 이용한) 천재적인 마케팅으로 농부들은 성욕을 증진하는 아보카도의 효능에 대해 '악의적인 소문'이라며 일부러 소리 높여 부인했고, 이것이 아보카도에 대한 대중의 걷잡을 수 없는 호기심을 부추겼다. 사실 영양이 매우 풍부한 식품은 대체로 정력제로 인정받기 마련이다. 배고픔은 성욕의 적이기에.

　아보카도는 불포화 지방산이 풍부하고 비타민과 미량의 무기물이 들어 있으나 특이하게 당분은 거의 없다. 불에 익히면 맛이 써지고 산패하므로 반드시 생으로 먹어야 한다. 최근에는 행운과 영리한 광고의 조합으로 아보카도가 미국의 슈퍼볼과 깊은 연을 맺게 되었다. 토르티야 칩과 과카몰리는 이제 추수감사절 칠면조처럼 미국 음식으로 완전히 자리 잡았다. 비록 수렵 채집인들이 정착하여 아보카도를 재배하기 시작한 지 1만 년이 지난 후 세계에서 가장 큰 아보카도 생산지는 다름 아닌 멕시코임에도 불구하고 말이다.

아보카도가 씨를 퍼트리는 원래의 방식은 아직 확실히 밝혀지지 않았다. 한편, 블루칸동은 종자 산포를 돕는 매우 특이한 표면의 열매를 가진다.(159쪽 참조)

멕시코

사포딜라 _{Sapodilla, Chicle}

Manilkara zapota

스페인인들은 중앙아메리카를 정복하는 과정에서 자신들이
사포딜라(나우아틀어로 'tzapotl'에서 따옴)라고 이름 붙인 나무를 처음 만났다.
사포딜라(치클)는 스페인 사람들이 처음 필리핀에 도입한 후 동남아시아와
남아시아 전역으로 퍼지며 사랑받았다. 사포딜라 열매는 껍질이 키위처럼
질기고 꺼끌꺼끌하고, 달콤한 맥아 향에 서양배 맛이 난다. 그러나 이 나무가
세계적인 영향력을 행사하게 된 것은 이 때문이 아니다.

원산지인 멕시코 남부, 과테말라, 벨리즈 북부에서 '치클'이라고 불리는 이
나무는 천천히 자라는 상록수로, 가죽 같은 잎이 빽빽이 달린 크고 짙은 녹색의
수관을 형성한다. 분홍빛 속껍질에 상처가 나면 물속에 유기 물질이 방울져
떠다니는 부유액인 유액(라텍스)을 생산하고, 마르면 감염을 막는 천연 반창고를
남긴다. 이 유액은 수백, 수천 년 동안 아즈텍인과 마야인들이 추잉 껌으로
만들어 구강 청결과 갈증 해소에 사용해 왔다.

치클 유액을 수확하는 과정은 거친 면이 있다. 치클을 전문적으로
채취하는 치클로스들이 나무를 타고 올라가 상처를 내고 유액을 수확한 다음,
끓여서 응고시킨 후 깨끗이 정제한다. 19세기 중반에 토머스 애덤스라는 뉴욕
기업가가 치클 고무의 전통적인 사용법을 알게 된 후, 설탕과 향을 가미한
것을 시작으로 20세기 초반에 본격적으로 대규모 상업적 착취가 시작됐다.
윌리엄 리글리가 애덤스의 뒤를 이어 껌 회사를 세웠고, 기발한 광고와 마케팅
전략(특히 막대 껌을 미군 전투 식량에 포함시킨 것)으로 수십억 달러의 국제적인
산업을 일으켰다. 1930년대에 미국은 한 해 8천 톤의 치클을 수입했다. 당연히
나무는 과잉 착취되었다. 그러나 1940년대에 들어서 미군의 지속적인 수요가
원동력이 되어 페트롤륨에 기반한 합성 비닐 대용품이 개발되었고, 이후 모든
추잉 껌의 주재료가 되었다. 오늘날 천연 치클 껌을 제조하는 회사는 소수에
불과하다. 현재 천연 치클 껌 사업은 치클로스를 부양하고 가난한 공동체에
숲을 보호할 구실을 준다.

치클인가 아니면 사포딜라인가. 이 나무는 지리적 위치에 따라 매우 다른
문화적 연관성을 지닌다. 아메리카 대륙에서 껌을 씹는 것은 역사가 깊지만,
아시아에서는 무례한 것으로 여겨지기도 한다. 고향에서 멀리 떨어져 열린
열매가 그 지방 자부심의 원천이 되었음에도 불구하고.

　　　　　　　　　　　　　　사포딜라 ✳ 산람과

코스타리카

샌드박스 ^{Sandbox}

Hura crepitans

중앙아메리카와 남아메리카의 열대 지방 전역과 카리브해 일부 지역에서
샌드박스(후라크레피탄스)는 멍키노클라임^{monkey-no-climb}(원숭이가 오르지 않는 나무),
독나무, 다이너마이트나무, 그리고 샌드박스(모래 상자)라는 일반명으로 알려져
있다. 모두 이 위험한 나무의 각기 다른 특징을 강조한다.

높이가 50미터를 가뿐히 넘는 샌드박스의 줄기는 접촉을 꺼리게 만든다.
몇 센티미터 간격으로 짤막하지만 날카로운 가시로 단단히 무장해 잘못
건드렸다가 크게 다칠 수 있기 때문이다. 그러므로 나무 높이 달린 아름다운
수꽃은 쌍안경으로만 안전하게 즐기는 편이 좋다. 수꽃은 수백 개의 짙은
진홍색 꽃이 모여 15센티미터짜리 피라미드 형상으로 늘어졌는데, 하트 모양의
밝은 초록색 잎으로 이루어진 수관을 배경으로 반짝반짝 빛난다.

다른 대극과 식물들과 마찬가지로 샌드박스도 잎을 먹으려고 달려드는
놈들을 단념시킬 만한 하얀 부식성 유액을 분비한다. 이 유액은 독성이 강하고
몸에서 빨리 퍼지므로 입으로 부는 독화살에 사용되었고, 카리브족 원주민들은
이 수액을 사용한 독화살로 물고기를 잡았다.

샌드박스만의 특징은 씨를 퍼트리는 놀라운 방식에 있다. 공기 중으로
씨를 산포하는 식물 대부분은 미풍에도 잘 날아가도록 씨를 가볍게 만든다.
심지어 날개가 달린 것도 있다. 반면, 샌드박스씨는 어린나무가 햇빛에 닿을
때까지 어두운 숲 바닥에서 발아해 커 나가야 하므로 이에 필요한 영양분을
싸 들고 다니느라 부피가 상당하다. 샌드박스씨는 둥글고 납작하며 크기는
1파운드짜리만 하고, 변색한 1페니짜리 색이다.

(당연히) 독성이 있는 씨앗은 꼬투리 안에 들어 있다. 꼬투리는 잎에 싸이지
않은 채 발달하며, 껍질을 벗긴 귤 모양으로 16개의 분절, 즉 심피로 나뉘고, 그
안에 씨앗이 잘 꾸려져 있다. 꼬투리는 올리브그린에서 짙은 갈색으로 변하며,
목질이고 수직으로 서 있다가 익으면서 수평으로 자리 잡는다. 수분을 잃는
과정에서 일부는 완전히 말라 다른 부분보다 더 빨리 수축한다. 그리고 엄청난
장력을 쌓아 두고 있다가 주로 뜨겁고 건조한 날에 갑자기 꼬투리가 폭발하면서
씨앗을 방출하는데, '펑' 하는 굉음과 함께 씨가 엄청난 힘으로 발사된다.
19세기 중반에 독일의 식물학 잡지에서는 한 과학자가 10년 전에 유리병에
넣어 둔 샌드박스 꼬투리가 "총성으로 보고될 정도의 소음과 함께 터지며

씨앗이 분해되어 유리 조각과 함께 사방으로 흩어졌다"라고 보고했다.

측정 결과 씨앗이 1초에 70미터 속도로 방출되는데, 이는 시속 240킬로미터 이상이다. 놀랍게도 씨앗은 공기 저항까지 고려한 각도로 발사되어 이동 거리를 거의 완벽하게 최적화한다. 또한 미니어처 프리스비(*놀이용 플라스틱 원반)처럼 회전해 최대 45미터까지 날아간다. 이 정도면 어린나무가 부모와 경쟁하지 않아도 될 만큼 충분히 먼 거리다.

일단 꼬투리가 익기 시작하면, 작은 개미 떼가 꼬투리 안으로 들어가 갈라진 방 사이의 틈에서 어린 새끼를 먹이고 키운다. 개미는 절대로 꼬투리를 망가뜨리지 않는데, 괜히 흠집이라도 났다가는 끈적거리고 부식성 있는 유액이 분비되기 때문이다. 보송하게 말라 아늑하고 새나 다른 포식자로부터도 안전한 이 꼬투리는 개미들의 눈에 경호가 완벽하고 시설도 잘 갖춰진 고급 주택으로 보일 것이다. 다만 아주 조그만 단점이라면 언제 폭발해서 산산조각날지 모른다는 것뿐. 이 식물의 이름이 될 만한 유일하게 '비非'치명적인 특징은 익지 않은 종자 꼬투리일 것이다. 이 덜 익은 꼬투리는 깃털 펜으로 쓴 종이의 잉크를 빨아들일 모래를 담아 놓는 상자로 18세기 초반에 판매되었다. 당시에는 귀족이나 고위 간부의 책상 장식품이었던 셈이다.

샌드박스는 씨앗을 공기 중에 멀리 던진다. 브라질너트는 다른 방식을 사용한다. (183쪽 참조)

샌드박스 ✲ 대극과

빵나무 Breadfruit

Artocarpus altilis

파푸아뉴기니 및 인근 섬 원산인 빵나무의 야생 조상은 맨 처음 약 3천 년 전에
서태평양으로 건너온 이주민들에 의해 재배되었다. 오늘날 습한 열대 지방
전역에서 재배되는 이 나무의 식물학적 특성 때문에 역사상 가장 악명 높은
반란이 일어났다.

빵나무는 누구라도 쳐다보게 되는 종으로 건장한 회갈색 줄기가
25미터까지 자라며, 화가 마티스의 스텐실 작품에서처럼 가장자리가 깊이
파인 크고 어두운 잎이 짙은 그늘을 드리운다. 칼로 베어 내면 익지 않은
열매에서조차 끈적한 하얀색 유액이 나오는데, 피부 질환 치료나 배의 틈을
메우는 접착제로, 심지어 하와이에서는 임시 새장으로도 쓰인다.

암꽃과 수꽃이 한 나무에서 피는데, 꽃차례는 스펀지처럼 생긴 심에 수천
개의 작은 꽃이 모여 달린 형상이다. 수꽃은 곤봉 모양이고 암꽃은 구형이다.
암꽃이 접합하여 과육성의 식용 열매가 된다. 열매는 둥글거나 살짝 타원형이고
볼링공 크기쯤 되며, 밝은 초록색이고 익으면서 노란색으로 변한다. 열매껍질은
얇고 질기며 4~7면을 가진 조각들이 모자이크처럼 붙어 있다. 이 다각형
조각들은 한때 개별 꽃이었으며 매끄럽거나 가시가 있다. 전분이 많은 빵나무
열매는 오세아니아인들의 주식이다. 크림 화이트 또는 연한 노란색의 과육에는
탄수화물과 비타민이 많이 들어 있다. 맛이나 쓰임이 감자와 비슷하고 향과
질감은 빵을 생각나게 한다.

빵나무 종자는 자라서 열매를 맺거나 오래 살지 못하고, 혹은 아예
만들어지지도 않는다. 이 나무는 뿌리움으로도 퍼지지 않기 때문에 인간의
도움을 받아 꺾꽂이로만 번식한다. 그러나 따뜻하고 비가 많이 내리는
환경에서는 열정적으로 열매를 맺는다. 약 3년 후면 열매가 달리기 시작해
영양가 많은 열매가 1년에 200개씩 (아마도 약 500킬로그램쯤) 매달린다. 게다가
초파리 떼가 몰려들거나 썩어서 점액 덩어리가 되기 전에 열매를 따고 낙과를
처리하는 것 말고는 손이 많이 가지 않아 재배가 쉽다.

1769년 쿡 선장의 유명한 원정대에 식물학자로 탑승했던 조셉 뱅크스는
타히티 사람들의 안락한 생활에 대해 묘사하면서, 그들은 고생스럽게 매해 밭을
갈지 않아도 잘 먹고 잘 산다고 언급한 적이 있다. 마침 그 이야기가 영국의
식민지였던 자메이카의 플랜테이션 농장주들의 귀에 들어갔다. 자메이카에서는

주요 수출품이자 수익성이 높은 상품이 사탕수수였는데, 당시 날씨와 정치적 여건 때문에 아프리카 노예들에게 주식으로 주었던 플랜테인(*바나나와 비슷한 과일)과 얌의 공급에 차질이 생겨 곤란한 상황이었다. 농장주들은 기르기 쉬운 대체 작물을 찾고 있었는데, 마침 빵나무가 제격이었다. 1787년, 영국 정부의 명령으로 선장 윌리엄 블라이는 영국 군함 바운티호를 몰고 빵나무를 가져오기 위해 카리브해의 타히티로 향했다. 빵나무는 살아 있는 종자가 많지 않아 선원들은 꺾꽂이용 삽목에서 뿌리가 나올 때까지 6개월을 대기해야 했다. 그동안 선원들은 섬 생활에 맛을 들였고, 섬의 여성들과 관계를 맺었다. 새롭게 시작한 인생을 포기하지 못한 선원들은 출항 직후 반란을 일으켰고 블라이는 몇 안 남은 충성스러운 부하들과 함께 표류했다. 블라이는 가까스로 살아남았고, 1793년 타히티로 다시 돌아와 나무를 싣고 마침내 여정에서 살아남은 몇백 그루의 작은 빵나무들과 함께 자메이카에 도착했다.

그러나 정작 빵나무 열매는 노예들에게 인기가 없었으므로 관계자들은 아연실색했다. 그러나 고향인 아프리카의 음식을 다시 먹을 수 있게 된 상황에서 빵나무 열매를 거부하는 것은 노예가 된 이들이 제 의견을 주장할 수 있는 몇 안 되는 방법이었을 것이다. 1962년 자메이카의 독립 이후, 빵나무는 식민지와의 연결 고리를 끊고 자메이카 요리와 바비큐 문화의 중심이 되었다. 심지어 빵나무 축제까지 열린다. 열대 지역 전역에서 식량 안보를 강화하기 위해 현재는 독립한 여러 개발 도상국에서 빵나무 묘목을 심고 있다.

무화과 역시 잎 가장자리가 깊이 파였다.(64쪽 참조)

바하마

유창목 Lignum Vitae

Guaiacum officinale

바하마의 상징수인 유창목은 강철의 심장을 가진 대단히 호사스러운
아름다움을 지녔다. 가지가 낮게 갈라지며, 인기 있는 가로수이고 대개 단정한
역피라미드 형태로 잘 다듬어 놓는다. 원산지인 중앙아메리카와 카리브해의
건조한 저지대 산림에서 자란 나이 든 나무들은 가지가 멋있게 구부러지고
뒤틀렸으며, 기회가 있다면 천 년도 넘게 살 것이다.

유창목은 주걱 모양의 반짝이는 상록성 복엽과 수피 조각이 벗겨지면서
드러나는 다채로운 얼룩무늬로 대단히 멋진 쇼를 보여 준다. 아름다운 청색
또는 라벤더 꽃은 풍성하고 오래가며 오밀조밀하게 잎을 장식한다. 시간이
지나면 꽃은 시들어 하얗게 바래고 나무는 온갖 색깔로 일렁이며 빛난다. 분홍
기가 도는 납작한 삭과 다발이 황금색으로 익고, 터지면 진홍색의 육질외종피,
즉 한 쌍의 칠흑 같은 씨를 감싸는 과육성 껍질이 드러난다.

이 나무의 가장 의외의 특징이 목질부다. 유창목 목재는 아마 세계에서
가장 단단하고 가장 무거울 것이다. 밀도가 높아 물에 뜨지 않는다. 비단 같은
감촉, 이국적인 바닐라 향, 아라왁 원주민들이 성병 치료에 썼다는 소문들로
인해 16세기 초반 의사들은 유창목을 '생명의 나무'라고 불렀고 특별한 힘을
지녔다고 생각했다. 1520년에 유창목 가루와 나뭇진은, 실제 효능을 벗어난
매독 치료용으로 터무니없이 높은 가격에 팔렸고, 수은과 함께 19세기까지도
치료제로 사용되었다. 오늘날에는 바하마 사람들이 유창목을 우린 물로,
추정컨대 최음제를 만든다.

그러나 유창목의 강도와 내구성에는 의심의 여지가 없다. 유창목 목재는
경매봉, 크로켓용 나무 망치, 절구와 절굿공이, 그리고 영국 경찰의 인상적인
경찰봉을 만드는 자재로 수출되었다. 목재는 밀도가 높고 거스름 결이
있어 쪼개는 것이 거의 불가능하다. 그리고 마모에 대단히 강하고 방수성이
뛰어나다. 유창목의 수지성 기름 성분이 표면에 윤활유를 바른 효과를 준다.
이러한 특성 때문에 증기 기관의 황금기 내내 유창목은 세계에서 가장 큰
배를 움직이는 프로펠러 샤프트의 베어링을 만드는 필수적인 재료가 되었고,
1950년대에 최초의 핵 잠수함인 USS 노틸러스에까지 사용되었다.

석류는 즙이 풍부한 생기 있는 육질외종피로 유명하다.(79쪽 참조)

유창목 ＊ 남가샛과

캐 나 다

로지폴소나무 ^{Lodgepole Pine}

Pinus contorta var. *latifolia*

로지폴소나무는 브리티시컬럼비아를 비롯한 캐나다 서부 지방과, 아래로는
미국의 로키 산맥까지 이어지는 방대한 숲 생태계에 핵심적인 침엽수다. 크고
곧고 늘씬하게 뻗은 이 나무의 이름은 아메리카 원주민들이 원뿔형 천막을,
그리고 정착민들이 건물을 지을 때 기둥^{pole}으로 사용한 것에서 기인했다.
로지폴소나무의 솔방울은 많은 경우 발아가 지연된다. 나뭇진에 의해 단단히
밀봉된 채 산불이 봉인을 녹일 때까지 10년이나 나무에 매달려 기다린다.
산불이 어미나무를 쓰러뜨리고 지나가면, 솔방울에 잘 저장된 씨들이 비옥한
재를 뒤집어쓰고 나와 어떤 경쟁자보다도 앞서 싹을 틔우고 세력을 키운다.
　　로지폴소나무는 소나무좀의 주요 숙주다. 소나무좀은 여름에 암컷이
줄기에 구멍을 뚫은 다음 속껍질에 통로를 파고 알을 낳는다. 나무좀은
청변균과 공생 관계라 주둥이에 달린 특별한 주머니에 균을 넣고 다니는데,
나무좀이 나무를 씹을 때 밖으로 나와 나무 속껍질 세포에서 번식하면서 수액의
흐름을 방해하고 독성 나뭇진을 생산하는 정상적인 방어 시스템을 무너뜨린다.
따라서 나무좀은 장애물이 제거된 나무에서 쉽게 전진하고, 그건 균류도
마찬가지다. 균류는 나무좀이 만든 방 안에서 포자를 생성한 다음 이듬해
여름이면 모습을 드러내 새로운 숙주를 찾아 떠나는 나무좀과 함께 확산될
채비를 한다.
　　겨울의 극심한 추위가 나무좀의 유충을 죽인다. 건강한 나무라면 살아남은
소수의 공격쯤은 버티거나 막을 수 있다. 사실 나무좀 때문에 약한 나무들이
제거되면서 마른 장작이 충분히 확보되면, 번개가 점화한 불꽃으로 산불이
일어났을 때 폐성구과를 가진 로지폴소나무가 다른 종보다 유리하게 우점할 수
있는 조건이 된다. 그러나 지난 수십 년 지구 온난화로 인해 일상이 무너졌다.
온화한 겨울 날씨 때문에 방어력에 이상이 생기면서 나무좀이 폭발적으로
증가했기 때문이다. 감염된 나무의 줄기는 암울한 청회색으로, 바늘잎은
갈색으로 변하면서 건강했던 수많은 나무가 죽어 나갔다. 1,800만 헥타르라는
어마어마하게 넓은 숲이 타격을 입었고, 캐나다 정부는 나무좀과의 전쟁에
20억 달러를 썼다. 나무좀은 자생 지역을 넘어서 심각하게 확산되고 있다. 화석
연료로부터 나오는 값싼 에너지에 의존할 수밖에 없는 상황은 이해하지만, 그로
인한 기후 변화에는 분명 대가가 따를 것이다.

미국

탄오크 ^{Tanoak}

Notholithocarpus densiflorus

탄오크는 미국 캘리포니아주 북부와 오리건주 남부의 바다를 마주한 습기 찬
언덕에서 자라는 상록성 견목^{堅木}(*떡갈나무처럼 재질이 단단한 나무)으로, 참나무와
밤나무의 특징을 둘 다 지니고 있다. 흔히 50미터 높이로 자라고 비틀리고
옹이가 많으며 공간이 허락하면 수관을 넓게 펼친다. 회갈색의 두꺼운 수피는
나이가 들면서 갈라진다. 어릴 때는 톱니가 달린 잎 밑면에 솜털이 나는데
아마도 물을 보존하기 위해서일 것이다. 수꽃은 손가락 크기로 노란색 레게
머리처럼 다닥다닥 붙은 꼬리꽃차례를 따라 핀다. 암꽃은 수꽃 꼬리꽃차례의
맨 아래에 다발로 나타나며, 껍질이 튼튼한 도토리가 된다. 도토리는 익으면서
술이 달리고(진짜 참나무 도토리처럼 비늘 같은 깍정이가 아니다), 크게는 작은 달걀
크기로 자란다.

전통적으로 연어와 탄오크 도토리는 해안 지역에서 아메리카 원주민들의
주식이었다. 도토리에는 단백질과 탄수화물, 상당량의 지방질이 들어 있는데,
갈아서 물에 침출한 다음 영양이 풍부한 수프, 죽 또는 빵으로 만들어 먹었다.
그러나 19세기 중반 무렵부터 유럽 이민자들로 붐을 이룬 금광촌에 돼지고기
수요가 늘어나자 돼지의 사료로 용도가 변경되었다.

사람과 말이 유입되면서 가죽의 수요도 증가했다. 가죽을 부드럽고 탄력
있게, 또 썩지 않게 만들려면 타닌이 들어 있는 커다란 통 안에 동물의 생가죽을
넣고 '무두질'해야 한다. 타닌은 나무에 들어 있는 일종의 방어 물질인데
탄오크는 특히 신발 밑창이나 말 안장처럼 무거운 제품을 무두질하는 데
가장 좋은 원료였다. 1860년대에 캘리포니아에서 만들어진 가죽은 뉴욕과
펜실베이니아까지 운송되었고, 타닌의 수요는 줄어들지 않았다. 나무의 과도한
착취로 타닌이 부족해지면서 미국의 가죽 산업은 사양길에 접어들었다.

탄오크는 단단하고 결이 고와 제2차 세계대전 후에 목재용으로
심어졌으나 시장은 생장이 빠르고 쉽게 가공할 수 있는 침엽성 연목을
선호했다. 백 년 만에 탄오크는 원주민들의 주식에서 쓸모없는 잡목으로
전락했다. 산림 관리자들이 고엽제를 뿌려대는 바람에 생태계가 불균형해지고
남아 있는 나무들이 쉽게 감염됐다. 1990년대 이후 탄오크 수백만 그루가
참나무 역병균*Phytophthora ramorum*에 의한 '참나무 급사병'에 굴복하고
말았다.

탄오크 ✳ 참나뭇과

이엽솔송나무 Western Hemlock

Tsuga heterophylla

이엽솔송나무(웨스턴헴록)는 미국의 오리건주, 워싱턴주에서 캐나다의
브리티시컬럼비아주까지 이어지는 시원하고 습기 찬 태평양 연안에 높이 솟아
있는 침엽수다. 수피가 얕게 주름진 줄기를 보고 멀리서도 구분할 수 있다. 이
나무는 자라면서 직접 가지를 쳐내 원줄기의 아래쪽 4분의 3에 달린 가지는
떨어뜨리고 거대한 수직의 기둥만 남긴다. 짧은 바늘잎은 납작하고 윤기가
있으며 밑면에 특유의 흰색 줄무늬가 있다.

'헴록 hemlock'이라는 영어 일반명은 잎을 짓이겼을 때 나는 독특한 생쥐
냄새에서 유래했다. 그 냄새는 이엽솔송나무와는 관련이 없지만 독성이
강한 다년생 초본인 나도독미나리*Conium maculatum*, 즉 소크라테스를 죽인
독약으로 잘 알려진 식물의 향과 비슷하다. 그러나 이엽솔송나무는 먹을 수
있는 속껍질과 다양한 질병의 치료제로 서부 해안 원주민들이 귀하게 여겼다.
부드럽고 깃털 같은 잎이 달린 연한 나뭇가지는 침구로 사용되고, 구부러진
줄기는 깎아서 커다란 축제용 접시를 만들었다. 수피의 타닌 성분을 이용해
가죽을 무두질하거나 화장 연지로 사용되는 붉은 염료를 만들었다.

나무가 온통 햇빛을 가리므로, 이엽솔송나무 숲 바닥에는 고사리류밖에
자라지 못한다. 그런데 허벅지 높이까지 자라는 양치식물 잎 때문에 어린
이엽솔송나무는 응달에서 잘 자라는 식물임에도 곤란을 겪는다. 바람이나
벌목으로 나무가 쓰러져 모처럼 햇빛이 들어와도 양치식물의 그늘 밑에서는
씨앗이 제대로 크지 못한다. 묘목이 제힘으로 빛에 이를 때까지 버티게끔
양분이 넉넉한 커다란 씨앗으로 대처하는 수종도 있지만, 이엽솔송나무는
보다 독특한 방식을 사용한다. 덩치 큰 나무가 쓰러지면 수평으로 드러누운
통나무의 윗부분은 성가신 하층 식물이 모두 사라진다. 그 위에 내려앉은
이엽솔송나무씨는 곰팡이가 통나무를 분해하면서 방출하는 양분을 먹고
통나무 표면에서 자란다. 어린 이엽솔송나무는 쓰러진 나무줄기와 밑동 주위로
뿌리를 내려보낸다. 죽은 형제의 몸뚱이를 집어삼키며 자라는 이 새 생명에는
어딘가 오싹하고 원시적인 면이 있다. 마침내 굵은 기둥 위에 우뚝 설 때까지
뿌리는 썩어 가는 죽은 나무를 먹고 쉼 없이 뻗어 간다. 가끔 수십 년 뒤에도
용케 모습이 남아 있는 개잎갈나무가 보인다. 여전히 고대 '헴록'의 손아귀에서
벗어나지는 못했지만.

세쿼이아 Coastal Redwood

Sequoia sempervirens

태평양 연안 북서부의 안개 낀 언덕에 자생하는 거대한 세쿼이아(레드우드)는
세계에서 가장 크고 가장 오래된 나무 중 하나다. 히페리온(*그리스 신화의 티탄족
중 하나)이라는 이름의 세쿼이아는 지구에서 키가 가장 큰 나무인데, 무려
115미터의 높이로 우뚝 서 있다. 고개를 들어 나무 위를 올려다보면 사람들은
나무 한 그루가 얼마나 높이 자랄 수 있는지 궁금해질 것이다. 역사적으로
세계에서 가장 큰 세쿼이아 개체는 모두 120미터 남짓이었다. 이는 다른 거대
수종에서도 마찬가지다. 그렇다면 단순한 우연의 일치일까? 그 답을 알려면
나무에게는 사람의 피와 다름없는 물의 역할을 이해하고, 물이 어떻게 뿌리에서
나무 꼭대기까지 올라가는지 알아야 한다.

　　모든 식물이 그렇지만 나무의 고체 물질은 대부분 이산화탄소와 물, 이렇게
두 가지 단순한 재료로 합성된다. 이 합성 과정은 아마도 지구에서 가장 중요한
화학 반응일 것이며 햇빛에 의해 작동한다. 그래서 그 이름도 '광*'합성이다.
식물의 잎에는 제곱밀리미터당 수백 개의 작은 구멍(기공)이 있는데 그 구멍으로
주위의 이산화탄소가 들어간다. 그러나 나무가 뿌리에서 나무 꼭대기까지
물을 끌어올릴 수 있는 유일한 방법은 잎 속의 물이 기공을 통해 증발했을
때다. 잎의 표면에 있는 세포들이 건조해지면 아래쪽의 더 축축한 세포로부터
물을 빨아들인다. 물을 빨아들이는 힘이 점차 아래쪽 세포까지 이어지다가
마침내 잎맥에 닿으면 (아마도 지름이 불과 1밀리미터의 30분의 1에 해당하는) 미세한
관으로부터 물을 빨아들여 나무의 목질부를 통해 위쪽 끝까지 물을 운반한다.

　　이는 나무가 애써 생산한 아까운 에너지 대신 공짜로 태양 에너지를 사용해
꼭대기의 수분을 증발시켜 물을 운반하기 때문에 꽤나 영리한 방식이라고 볼 수
있다. 이 방식은 물의 흥미로운 특성 때문에 가능하다. 물은 강한 양극과 음극이
자석처럼 붙어 있는 분자로 이루어졌다. 물은 응집력이 대단히 강하기 때문에
바로 그 이유로 빗방울이 하늘에서 매끈한 형태로 떨어지고, 또 좁고 연속적인
물기둥이 스스로 버틸 수 있는 것이다. 이론적으로 나무 안의 물기둥이 올라갈
수 있는 최고 높이가 약 120미터다. 더 높이 올라가면 중력이 물 분자의
응집력보다 커지므로 나무 꼭대기는 탈수로 죽는다. 다시 말해 물리 법칙이
나무를 그 이상 자라지 못하게 하는 것이다.

미국
호호바나무 ^{Jojoba}
Simmondsia chinensis

'차이넨시스*chinensis*'라는 학명으로 불리긴 하지만 호호바나무는 중국과 아무 상관이 없다. 이 학명은 19세기 한 식물학자가 갈겨쓴 이름표를 잘못 읽는 바람에 붙여졌다. 멕시코, 캘리포니아 남부, 애리조나를 아우르는 소노란 사막 서부에 자생하는 호호바나무는 낮게 자라는 상록성 관목이지만, 때에 따라 4미터가 넘는 잎이 우거진 교목으로 자란다. 사막 환경에 잘 적응해 길고 곧은 원뿌리는 땅속 깊이 10미터 아래에서도 물을 끌어올릴 수 있고, 회녹색의 가죽질 잎은 수분 소실을 줄이기 위해 표면에 왁스층이 있다. 또한 잎에 관절이 있어 한낮의 불타는 더위에는 수직으로 몸을 세워 온도를 시원하게 유지하고 효율적으로 광합성한다. 그 결과 호호바나무 아래에는 신기할 정도로 그늘이 없다(일부 유칼립투스 종도 같은 기술을 터득했다). 이와 같은 잎의 자세는 수나무의 노란 꽃송이에서 암나무의 연녹색 암꽃까지 꽃가루를 운반하는 소용돌이 바람을 일으킨다. 암나무에 맺히는 열매는 도토리 모양과 크기로 자라고, 익으면서 황금빛 갈색으로 변한다.

열매 안에 들어 있는 씨앗은 무게의 절반이 황금빛 기름인데 오래전부터 피부나 머리 손질에 사용된 액체성 왁스다. 또한 1970년대에는 금지된 향유고래 기름을 대신해 고온의 기계 윤활유로 특히 귀하게 여겨졌다. 수요가 증가하면서 뜨겁고 건조한 국가에 널리 식재되었지만, 호호바나무는 대량 재배가 힘들고 까다로웠다. 농부들은 호호바나무가 꽃을 피울 때까지 몇 년을 기다려야 했고, 그러고 나서도 열매를 맺지 못하는 수나무들은 나머지를 수정시킬 정도만 남기고 솎아 내야 했다.

호호바 기름은 최근에 비만 치료제로 홍보된다. 기름을 짜고 남은 찌꺼기를 먹인 소의 체중이 감소하는 것처럼 보였고, 아메리카 원주민들은 흉년에 호호바를 식욕 억제제로 사용한 적이 있기 때문이다. 호호바 추출물이 무해하다는 연구 결과가 아직 미흡하고, 약품이나 체중 감량 용도로 허가받은 적도 없지만, 사람들은 법망을 피해 호호바 기름을 '식품 보조제'로 팔고 있다.

호호바는 많은 새와 동물에게 1년 내내 숨을 곳과 먹이를 제공하지만, 호호바 열매의 왁스층을 소화할 수 있다고 알려진 것은 베일리주머니생쥐라는 설치류뿐이다. 인간을 비롯한 다른 종에서는 열매가 가벼운 설사를 일으켜 종자를 퍼트리고 비료를 주는 데 일조한다.

미국, 유타주

북미사시나무 Quaking Aspen

Populus tremuloides

북아메리카에서 가장 널리 분포하는 수종인 북미사시나무는 서부의 고원 지대, 특히 이 나무가 상징수인 콜로라도주와 유타주에서 잘 자란다. 사시나무가 서 있는 풍경은 가슴을 뛰게 한다. 나풀대며 아른거리는 이파리의 윗면은 선명한 녹색이고 밑면은 연한 회색이며, 가을에는 처음에 노랗던 잎이 눈부신 황금빛으로 바뀌면서 산악 지대의 청명한 하늘 아래 아름답게 빛난다. 잎자루가 길고, 가는 띠처럼 납작하므로 미세한 공기의 움직임에도 잎이 몸을 구부리고 비틀어 얕은 개울 소리와 함께 바스락대며 마음을 차분하게 한다. 아무도 왜 사시나무가 잎을 떨게 진화했는지 알지 못한다. 잎자루의 유연성 덕분에 거친 산바람에도 잎이 떨어지지 않는다는 가설이 있다. 또 잎이 끊임없이 움직이면 그 틈으로 조밀한 숲을 뚫고 들어간 빛이 나무의 흐린 녹색 줄기에 닿아 엽록소가 광합성을 할 수 있을지도 모른다.

사시나무는 응달을 싫어한다. 숲을 뒤덮은 소나무류와의 경쟁은 말할 것도 없고, 제 그늘 밑에서조차 번식할 수 없다. 그러나 산불이 나면 화염이 쓸고 간 땅에서 다른 어떤 종보다 빨리 수를 늘린다. 사시나무 숲의 나무들 키가 엇비슷한 이유도 여기에 있다. 산불이 지나간 땅에서 동시에 싹을 틔웠기 때문이다. 종자가 싹을 틔우기 힘든 건기가 존재하는 서부 지역에서 사시나무는 유성 생식을 자제하는 대신 뿌리움을 통해 직접 새 나무의 줄기를 만들어 낸다. 독립된 개체로 보이는 나무들이 실제로는 하나의 뿌리 시스템에서 올라온 유전적으로 동일한 나무줄기일 수 있다. 사실, 지금까지 알려진 가장 무거운 단일 개체는 유타주에 있는 북미사시나무로, 판도Pando(라틴어로 '나는 퍼져 나간다'라는 뜻)라는 애정 어린 이름으로 불리며, 무려 4만 5천 그루로 이루어졌고, 40헥타르 이상의 면적을 덮으며, 무게는 6,500톤으로 추정된다. 이 군집은 아마 수령이 8만 년은 되었을 것이다.

이런 번식 방법은 유전 다양성이 부족해진다는 점에서 위험하다. 그러나 사시나무 개별 개체군은 놀라울 정도로 다양하고 언제든지 유성 생식으로 전환할 수 있다. 그 결과 사시나무는 매우 성공적인 종이 되었다. 다만 의외로 사시나무 군락을 가장 위협하는 존재는 캠프장을 갖춘 보호 지역과 방문자 센터다. 캠핑족들이 나무에 해를 주어서가 아니라, 이런 장소에서는 산불이 잘 통제되므로 응달에 강한 침엽수가 경쟁에 더 유리하기 때문이다.

미국, 미주리주

흑호두나무 Black Walnut

Juglans nigra

흑호두나무는 미국 로키산맥 동쪽에 자생하며, 수관이 크고, 수피는 어둡고 골이 졌다. 흑호두나무 열매는 적어도 4천 년 이상 원주민들이 기름과 단백질원으로 사용했다. 내구성이 좋은 초콜릿색 목재는 수 세기 동안 합판과 가구 제작용으로 심하게 벌목되었다.

미국에서 연간 흑호두 수확량의 3분의 2가 미주리주에서 온다. 흑호두는 흔히 재배되는 '영국' 종보다 향이 더 짙지만, 단단하고 골이 깊게 파인 껍데기(아마도 설치류가 다음 세대의 씨를 말리지 못하도록 적응한 것이겠지만) 때문에 간식거리가 되기는 힘들다.

흑호두나무는 다방면으로 군대와 오랫동안 관계를 유지했다. 흑호두나무 목재는 단단하고 충격에 강하며 가공이 쉽다. 또 아름답게 광을 낼 수 있고, 지문 같은 나뭇결이 미세하게 도드라져 미끄러지지 않고 꽉 붙잡을 수 있다. 19세기 중반에 흑호두나무는 모두가 손꼽는 개머리판 자재였으므로 '호두나무를 어깨에 걸친다'는 말은 입대의 상징이 되었다.

호두나무는 경쟁 식물을 저지하는 천연 제초제 성분인 유글론과 방충제인 타닌으로 자신을 보호한다. 그러나 인간에게는 이 화학 물질들이 한 팩에 간편하게 포장된 염료 겸 정착제로 쓰였다. 남북 전쟁 당시 사람들은 호두나무 껍질로 연합군의 회갈색 군복을 물들였고, 고향에 있는 사랑하는 이들에게 쓸 편지의 잉크를 만들기도 했다.

제1차 세계대전 동안 흑호두나무로 비행기 프로펠러를 제작했는데, 호두나무로 만든 프로펠러는 잘 부서지지 않고 엄청난 힘을 견뎠다. 제2차 세계대전 무렵에는 호두나무가 고갈되어 미국 정부는 개인이 소유한 나무를 전쟁 물자로 기부하도록 독려할 정도였다. 또한 호두 껍데기는 가루로 만들어 나이트로글리세린과 섞은 후 일종의 다이너마이트를 만들었다. 아마도 이러한 연관성 때문에 흑호두나무가 고가의 관을 만드는 재료로 오랫동안 인기를 누렸는지도 모르겠다.

침입 능력이 강한 가죽나무 또한 경쟁자를 무력화하는 화학 물질을 방출한다.(224쪽 참조)

미국

요폰호랑가시나무 Yaupon, Indian Black Tea

Ilex vomitoria

북아메리카가 유럽에 정복되기 전, 요폰 또는 인디언 홍차는 값나가는
상품이었다. 원주민들은 이 잎을 따기 위해 장거리를 이동했다. 왜 오늘날에는
이 차가 그리 유명하지 않을까.

요폰호랑가시나무는 털가시나무와 호랑가시나무의 형제인 흔한 작은
상록수로, 가시 돋친 잎과 반투명한 붉은 장과가 촘촘히 뭉쳐난다. 멕시코만을
따라 텍사스에서 플로리다까지 모래로 뒤덮인 해안 평원 지대에서 잘 자란다.
카페인을 함유하므로 해충도 거의 없다.

요폰호랑가시나무가 티무쿠아족과 다른 아메리카 원주민들에게 그렇게
귀했던 이유는 카페인 때문이었다. 세계 대부분의 문화권에서 카페인 의례가
발달했는데, 치료용 차, 수제 커피, 콜라나무 대용품, 정교한 다도에 이르기까지
형태가 다양하다. 북아메리카의 어느 원주민 문화에서 사람들은 평화의 신호로
요폰 홍차를 나누어 마신다. 요폰 홍차는 문화적으로 중요한 대규모 집회에
음악과 춤과 함께 등장하기도 했다.

이제부터 요폰 이야기는 예상치 못한 방향으로 흘러간다. 북아메리카와
남아메리카 원주민들의 정화 의식 중에 종종 속을 게우는 과정이 있는데,
이것은 종교 예식에서 자주 보이는 광경이다. 홍차는 유럽 어디서나 흔했지만
유럽인들은 유독 요폰 홍차와 구토를 연결 지어 요폰호랑가시나무에
'보미토리아*vomitoria*'(*영어로 '구토하다'는 'vomit'이다)라는 매력적인 학명까지
붙여 주었다. 사실 요폰 홍차는 구토제가 아니다. 구토는 그들이 습득한
기술이었든지 아니면 요폰 홍차와 함께 구토를 일으키는 다른 약물을
마셨을지도 모른다. 그러나 고정 관념이 굳어져 버렸다. 요폰 홍차에 대한
유럽인들의 혐오는 이 차가 망자의 예식과 연관되는 바람에 더욱 깊어졌다.
이런 사회적 인식 속에서 어떻게 요폰 홍차가 다른 차나 커피의 전문적인
마케팅과 경쟁할 수 있었겠는가? 스페인에서 커피 수요를 채우지 못했던
잠깐의 기간을 제외하고 요폰 홍차는 유럽인 침입자 또는 그들의 후손과 함께
길을 나서 본 적이 없다.

요폰 홍차는 마케팅의 변신이 필요하다. 요폰 홍차는 우롱차와 맛이
비슷하고 블라인드 테스트에서 다른 차와 대적할 만했다. 요폰 홍차는 지역
카페에서 '카시나*cassina*'라는 새로운 브랜드로 팔리고 있다.

미국

낙우송 Bald Cypress, Swamp Cypress

Taxodium distichum

미국 남동부의 찌는 듯한 습지대는 낙우송의 영역이다. 낙우송은 다른 식물이
썩고 질식하는 침수 지역에서 잘 자란다. 영어명이 '습지 사이프러스swamp
cypress'지만 진짜 사이프러스는 아니고 오히려 세쿼이아에 가까운 위엄 있는
교목이다. 줄기 아래쪽이 나팔 모양으로 벌어지면서 세로로 홈이 새겨진
부벽이 나무를 지탱해 안정적으로 받쳐 준다. 수피는 깊은 고랑이 파였고
어두운 황갈색이며 나이가 들면서 회색이 되는데, 아주 단단하고 견고해서
깃털처럼 부드럽고 여린 나뭇잎과 대조된다. 초록색 구과는 가지 끝에 달린다.
실편 조각은 예쁘게 맞물려 나고, 향기 나는 빨간 나뭇진을 감춘다. 가을이면
바늘잎이 번트오렌지(진한 주황색) 색으로 변하고, 마침내 작은 나뭇가지들과
함께 떨어져 영어 명칭처럼 '머리가 벗겨지게bald' 된다. 부드러운 진흙에서
자라는 나무에게 기대할 수 있듯이, 오래 자란 이 나무의 목재는 썩는 것에
내성이 강해 한때 '불멸의 나무'로 알려졌다.

　　축축한 환경에서 자라는 낙우송은 특유의 '무릎 뿌리'가 발달하는데,
원줄기에서 몇 미터 반경 안에 사람만 한 키와 너비로 땅 또는 수면 위에서
위를 향해 찌르듯이 수직으로 자라는 속이 빈 뿌리다. 아메리카 원주민들은 이
빈 구멍을 양봉에 사용했다. 무릎 뿌리의 역할에 대해서는 나무를 고정한다,
탄수화물을 저장한다, 양질의 고형물과 토사가 쓸려가지 않게 막는다는 등
재미있고 다양한 가설이 있지만, 모두 믿을 만한 과학적 근거가 있는 것은
아니다.

　　통념과 달리, 땅속에서 자라는 뿌리도 제대로 기능하려면 산소가
필요하다. 일반적으로 나무가 서식하는 토양은 충분한 균열과 공간이 있어
기체가 스며들 수 있지만, 늪은 뿌리에 험한 환경이다. 낙우송은 물에 잠긴
뿌리에 산소를 공급하는 방법을 개발했는데, 위에서 말한 무릎 뿌리가 바로
뿌리의 호흡을 돕는 호흡근이다. 2015년에 마침내 연구자들은 뿌리의 산소량이
공기 중에서 무릎 뿌리가 산소를 흡수하는 것과 연관되어 있음을 증명했다.
그러나 낙우송은 무릎이 손상되어도 무리 없이 자란다. 어쩌면 무릎은 원래
고대 환경의 다른 압력을 다루도록 진화한 것일지 모르나 이제는 과거의
일이다. 이 난해한 질문의 답을 찾아낸다면 역사 시대 이전의 사건을 밝히는 데
도움이 될 것이다.

레드망그로브 Red Mangrove

Rhizophora mangle

망그로브는 열대 해안, 해안가 늪지대, 만, 석호 같은 환경에 특별히 적응한
식물로 약 60여 종이 있다. 이 중 레드망그로브는 아메리카 대륙의 열대
지방 동쪽에서 서아프리카까지 해안을 따라 자라며 대개 키가 8미터
정도지만 20미터가 넘게 크기도 한다. 플로리다 남부의 걸프 해안을 따라
최대 6.5킬로미터 너비의 특별히 넓은 레드망그로브 숲이 형성되었다.
'레드'망그로브라고 불리지만 수피는 매우 짙은 회색이다. 그러나 껍질을 한
겹 벗겨 내면 타닌이 풍부한 적갈색 속껍질이 드러나는데, 이것이 주변의 고인
물을 홍차 색깔로 물들인다. 잎은 크고 가죽처럼 두꺼우며 윗면은 윤기 나는
짙은 초록색이고 흔히 밑면은 얼룩덜룩하다. 꽃은 연한 크림색과 노란색이고
곤충을 유혹할 필요가 없는 풍매화치고 놀라울 정도로 달콤한 향이 난다.

　　망그로브는 어미가 어린 자손을 품는다는 면에서 식물계에서도 괴짜에
속한다. 종자는 어미나무에 붙어 있는 상태로 발아하고, 묘목에는 잎과
단단하고 날카로운 뿌리 끝을 이어 주는 비정상적으로 길고 뻣뻣한 줄기가
발달한다. 약 30센티미터의 창처럼 생긴 묘목은 '바다 연필' 또는 '주아珠芽'라고
불리는데 어미나무에서 떨어져 나와 마치 다트처럼 모래나 진흙으로
곤두박질친 다음 조수의 물살에도 꿈쩍하지 않고 폭발적으로 생장한다. 땅이
아니라 물속에 뛰어든 놈들은 물에 뜬 채로 자라면서 바닥에 닿을 순간만
노리다가 기회가 되면 냅다 뿌리를 내린다.

　　레드망그로브의 기둥 같은 뿌리는 물가의 유동적인 모래에 가장 잘
적응했다. 근상체라고도 불리는 이 뿌리는 길이가 수 미터에 이르며 서로
얽기설기 격자 구조를 형성함으로써 움직이는 바람과 물에도 나무를 단단히
고정하고 사나운 물살을 잠재우며 퇴적물을 가두는 조밀한 받침뿌리 덤불을
만든다. 물을 잔뜩 먹은 진흙 속에는 뿌리에 필요한 산소가 희박하지만,
망그로브 뿌리에는 껍질눈이라는 일종의 땀구멍이 있어서 조류의 움직임에
따라 열리고 닫히며 기체를 교환하고, 공기를 저장하는 해면 조직과 연결된다.

　　레드망그로브의 수액은 태양 에너지로 움직이는 담수화 시스템 덕분에
소금기가 거의 없다. 햇빛을 받아 잎에서 수분이 증발하면서 형성된 진공
때문에 나무뿌리의 특별한 막을 통과해 높은 압력으로 물기둥을 빨아들이고
뒤에는 소금만 남긴다. 기술자들은 상업적 담수에 이 '초여과' 방식을 적용했다.

플로리다에 서식하는 또 다른 망그로브 종인 블랙망그로브*Avicennia germinans*는 다른 방식으로 염분을 배출한다. 이름과 달리 블랙망그로브 잎은 (한번 혀로 쓰윽 핥아 보면 알겠지만) 이 식물이 힘겹게 배출한 염분이 가루처럼 하얗게 뒤덮고 있다. 다른 망그로브 종은 가장 오래된 잎에 소금을 가둔 후 잎을 통째로 떨어낸다.

망그로브는 수생 생물들을 먹여 살린다. 밝은 주홍색의 불해면*Tedania ignis* 속에 가느다란 뿌리를 내려 탄수화물을 주고 질소 화합물을 교환한다. 유기 물질은 게, 연체동물, 곤충의 먹이가 된다. 망그로브 뿌리를 은신처로 삼고 먹이를 의존하는 물고기들은 스눅, 타폰, 스쿨매스터스냅퍼처럼 이름도 멋지다. 먹이 사슬의 위로 올라가면 악어, 왜가리, 바다거북, 매너티, 그리고 대부분의 큰 낚싯감들이 모두 짠 바닷물에서 번성하며 생태계를 먹여 살리는 망그로브의 특별한 능력에 의지해서 산다.

망그로브는 세계적으로 적응한 생존자이지만 새우 양식장, 해안 개발, 숯 제조, 그리고 기후 변화에 위협받고 있다. 망그로브는 평균 해면과 가장 높은 조수 사이의 좁은 권역에서만 자랄 수 있다. 해수면이 높아지면 내륙으로 이동해야 하는데, 그곳은 이미 다른 식물들이 점령한 상태다. 망그로브가 사라지면 조수가 해안 지대를 침식하면서 해안선의 모양을 바꾸어 다시 정착하는 것이 어려워질 것이다. 그러나 망그로브에게 맡기면 해안선을 안정시키고 폭풍과 해일에서 보호하며 심지어 마술처럼 바다를 새로운 땅으로 만들 수도 있다. 플로리다에서는 생태적 위치가 다른 망그로브 종들이 다음과 같이 함께 일한다. 레드망그로브는 뼈대를 짓고 퇴적물을 가두어 블랙망그로브를 위한 먹이와 은신처를 제공한다. 블랙망그로브는 산소를 흡수하기 위해 진흙에서 수직으로 뻗어 나오는 수천 개의 공기뿌리를 서둘러 만든다. 레드망그로브와 블랙망그로브 모두 잎과 망그로브 시스템으로 들어오는 식물상과 동물상을 통해 생물량을 추가한다. 마지막으로 화이트망그로브*Laguncularia racemosa*가 이제는 뭍이 된 땅에 발판을 얻어 다른 나무들과 함께 어울려 자란다. 레드망그로브는 육지 밖으로 이동하며 바다와의 경계에 머무는 최초의 식민지 개척자라 할 수 있다.

카우리소나무는 가지에서 생태계를 먹여 살린다.(162쪽 참조)

미국
가죽나무 ^{Tree of Heaven}

Ailanthus altissima

가죽나무(가중나무)는 귀하게 여겨진 적도, 혐오의 대상이 된 적도 있는 나무다. 학명은 몰루카어로 'ai lantit'에서 유래했는데 대충 '하늘만큼 높은'이라는 뜻이다. 25미터 이상 아주 빨리 자라며 수피는 매끄럽고 연하다. 활엽수치고 몸통이 비정상적으로 완벽한 원통형이다. 잎은 20여 개의 작은 소엽으로 구성되며 1미터 정도로 대단히 크고, 열대 식물의 분위기를 풍긴다.

중국 원산이지만, 1820년에 맨 처음 뉴욕주에 도입되었을 때 넉넉한 그늘과 이색적인 장식 효과로 식물 애호가들의 사랑을 받았다. 나중에는 끔찍한 반전의 주인공이 되었지만, 아무튼 처음으로 미국 땅에 발을 들인 가죽나무의 씨는 미국 농무부가 튼튼한 식물을 찾아 유럽과 아시아를 샅샅이 뒤진 끝에 직접 배포하기까지 했다. 이후 1840년대에 골드러시가 한창일 때 중국인 광부들이 전통 약재로 가죽나무 씨를 가져와 심었고, 아마 나무를 보면서 고향 땅을 그리워했을 것이다. 19세기 중반에는 미국 동부 전역의 어린이집에서 흔히 볼 수 있게 됐는데, 식물을 잘 죽이는 사람이 가져다 키워도 어디서나 잘 자랐기 때문이다. 사람들은 이 사실을 진작에 경고로 받아들여야 했다.

유럽에서 가죽나무는 대부분 높이 또는 빠른 생장 속도를 강조하는 이름으로 불리지만, 중국에서는 번역하면 '역한 냄새가 나는 나무'라는 모욕적인 뜻을 가진 '취춘^{臭椿}'이라고 불린다. 생각 없이 잎을 짓이기거나 줄기를 꺾었다간 고양이 오줌, 또는 상한 땅콩 냄새에 시달리기 때문이다. 그러나 작고 노란빛이 도는 초록색 꽃이 현란하게 피어나는 6월이 되면 상황은 더욱 끔찍하다. 수꽃에서 나오는 지독한 악취에 황소가 실신할 정도다. 이 냄새는 체육관의 쉰내 나는 양말, 오줌 지린내, 사람의 정액 냄새 등으로 다양하게 표현된다. 하지만 이 특별한 향기가 수꽃에서 암꽃으로 꽃가루를 운반하는 곤충에게는 흠뻑 취하고 싶은 사랑스러운 냄새임은 말할 필요도 없다.

암나무는 여름에 35만 개에 달하는 종자를 생산한다. 종자는 섬유질의 종잇장 같은 날개가 달린 시과의 중간에 박혀 있고, 익으면 호박색에서 진홍색으로 변한다. 이 시과는 예쁘게 회전하면서 떨어지고 아주 약한 바람에도 멀리 운반되며 어디에서나 발아한다. 철길을 따라, 또는 건설 현장의 파헤쳐진 땅에서도 쉽게 자라며 시멘트 먼지나 유독한 산업 가스 속에서도 끄떡없다. 뿌리에 물을 저장할 수 있어서 가뭄에도 잘 견딘다. 한마디로 말해 다른 종들이

살지 못하는 장소에서 보란 듯이 자라는 나무다.

베티 스미스가 미국 고전 소설『나를 있게 한 모든 것들A Tree Grows in Brooklyn』(1943)에서 이민자들의 삶을 가죽나무에 비유한 까닭이 바로 이것이다. 책에 나오는 어린나무는 열악한 환경에서도 끈질기게 노력해 성공을 이룬다. 그렇다면 이 나무는 좋아하지 않을 구석이 어디 있을까 싶지만, 사실은 많다.

가죽나무는 비단 어려운 환경에 잘 적응할 뿐 아니라 침입성이 매우 강하고 실질적으로 제거가 불가능하다. 대부분의 참고 문헌이 이 나무를 제거하는 방법에 관한 것이다. 밑동을 잘라 내도 그루터기에서 하루에 2.5센티미터의 속도로 싹을 틔워 한 철이면 4미터까지 다시 자란다. 불에 태우거나 독물을 주입해도 뿌리움을 내보내 재생한다. 이 나무가 50년 넘게 사는 일은 별로 없지만, 뿌리움을 만들어 내는 능력으로 사실상 무한히 복제된다. 수피는 나무 치료사에게 접촉성 피부염을 일으키고, 뿌리는 힘이 너무 세서 지하 배수관이나 송수관을 망가뜨린다. 심지어 강력한 자가 제초제를 만들어 경쟁자를 물리친다.

미친 듯이 자라고 반사회적이고 겨우 2년이면 번식이 가능한 이 나무는 재배가 금지된 곳이 많다. 오죽하면 원산지인 중국에서조차 고집 센 아이를 두고 '쓸모없는 가죽나무 싹'이라고 부를까. 그러나 어떤 정원사에게는 한없이 이국적이고 화려한 나무다. 사람들은 모두 각자의 눈으로 진실을 본다. 베티 스미스의 말처럼, "아름다울지 모르나 너무 많을 뿐."

스트로브잣나무 _{Eastern White Pine}

Pinus strobus

미국 북동부에 서식하는 스트로브잣나무의 가장 큰 경제적·전략적 가치는
줄기에 있다. 스트로브잣나무 줄기는 무게에 비해 빳빳하고 튼튼하며, 곧게
자라고 키가 크다. 스트로브잣나무는 미국 독립의 상징이 되었는데, 이 나무가
식민지 역사에 담당했던 역할과 더불어 미국을 대표하는 새인 흰머리수리가
둥지로 가장 애용하는 나무이기 때문이다.

어린 스트로브잣나무는 빛을 향한 경쟁에서 다른 종에게 지고 밀려나기
일쑤다. 그러나 자기들끼리만 있을 때는 45미터가 넘게 자라 숲을 뚫고 머리와
어깨를 드러낸다. 또한 더 큰 나무들에 둘러싸여 있을 때도 나름의 전략으로
버텨낸다. 스트로브잣나무는 토양에서 유기 질소를 채굴하는 데 능숙하다.
따라서 상대적으로 주변의 토양 비옥도가 줄어든다. 그리고 저장한 질소
화합물을 이용해 다른 종을 제치고 생장한다. 나뭇가지는 수평 또는 살짝 위로
자란다. 나이가 들면 젊은 시절의 피라미드 수형이 망가지면서 가지런하지
못하고 너덜너덜해진다. 부드럽고 가느다란 바늘잎은 청록색이고 3면이 있는데
각각 흰 선이 있어 바람이 불면 보기 좋게 반짝인다.

다른 침엽수처럼 스트로브잣나무도 꽃가루를 옮겨 줄 곤충을 모집할
요령은 갖추지 않았다. 대신 놀라울 정도로 씀씀이가 헤퍼서 노오란 꽃가루를
구름처럼 제조해 바람에 날려 보낸다. 초기 항해자들이 해안에 접근할 때면
갑판에 유황 가루가 떨어진다며 의아해할 정도였다.

아메리카 원주민들은 스트로브잣나무를 수십 가지 용도로 사용했다.
비타민 C를 포함하는 바늘잎으로는 괴혈병을 예방하는 차를 만들고,
나무껍질을 물에 적셔 상처를 진정시키고, 나뭇진은 소독제 또는 카누의 갈라진
틈과 연결 부위를 메꾸는 접착제로 사용했다. 작은 나무는 불로 지져 속을
파내고 카누를 만들기도 했다.

식민지 개척자들 역시 나름의 방식으로 스트로브잣나무를 사용했다.
범선 시대의 배는 돛대가 크고 강할수록 바람의 힘을 더 많이 끌어와 더 빨리
앞으로 나아갈 수 있었다. 화물을 운반하는 수송선이든, 해적의 뒤를 쫓는
전투선이든 한 발이라도 앞서는 것은 엄청난 가치가 있었다. 17세기 초, 영국은
발트 제국(에스토니아, 라트비아, 리투아니아)에서 돛대의 재목을 구했다. 따라서 이
나라를 차지하기 위해 프랑스, 네덜란드, 스페인과 불편한 경쟁을 해야 했다.

이런 상황에서 영국이 신대륙의 뉴잉글랜드에서 높이 솟은 숲을 발견하고
흥분한 것도 당연하다. 영국인들은 1634년에 처음으로 돛대 100개를 특별히
개조한 배에 수평으로 뉘어 싣고 뉴햄프셔를 떠나 영국으로 운송했다. 그
이후로 수십 년 동안 식민지 개척자들은 벌목 중에 10톤짜리 대형 통나무가
쪼개지는 것을 방지하는 기술과, 황소를 이용해 강 아래로 운반하는 기술을
개발했다. 이들은 스트로브잣나무 돛대를 팔아 부를 축적했을 뿐 아니라 제재소
체계를 조직해 집과 교회를 세웠다. 큰 나무들은 급속도로 고갈됐다.
　　돛대는 영국 왕실 해군의 패권과 나라의 번영을 유지하는 데 대단히
중요했다. 그래서 17, 18세기 영국 의회는 왕실 전용 스트로브잣나무를 따로
할당하고 측량사가 가장 좋은 나무의 줄기에 왕의 인장(도장)을 새겨 왕의
소유권을 표시한 다음, 그 나무를 베는 자는 엄히 다스렸다. 이처럼 귀한
나무를 가까이 두고도 사용하지 못하는 상황은 정착민들의 분노를 일으켰고,
결국 왕실의 나무를 베어 내 영국의 지배에 반항하는 최초의 반란을 일으켰다.
1774년 미국 의회는 스트로브잣나무의 수출을 금지했고, 2년 뒤 식민지 군함은
돛대 끝에 이 나무를 그린 깃발을 달고 다녔다. 이는 독립 전쟁에서 영국인들이
뼈아프게 느꼈을 힘과 저항의 상징이었다.

　　　　　　　　　　　　　　　　　　　　　　스트로브잣나무 ✻ 소나뭇과

캐나다

설탕단풍 <small>Sugar Maple</small>

Acer saccharum

설탕단풍나무는 캐나다의 퀘벡, 온타리오, 그리고 미국의 버몬트와 가장
자랑스럽게 연관된 나무다. 그리고 팬케이크에 듬뿍 뿌려 먹는 메이플 시럽,
야구 방망이를 만들 정도로 단단한 목재, 당당하게 '캐나다!'라고 외치는
잎으로도 유명하다. 다만 이 지역에서 설탕단풍나무의 가을 단풍이 어떻게
이처럼 아름다운 색의 향연을 벌이게 되었는지는 모르는 이가 많다.

식물의 잎은 태양 광선을 이용해 이산화탄소와 물만 가지고도 마법처럼
당분을 만들어 내는 공장이다. 이 광합성 과정을 위해 식물은 밝은 초록색의
엽록소를 만든다. 또한 노란색과 주황색의 항산화 물질인 카로틴과 크산토필을
생산해 광합성 부산물로 생산되는 활성 산소를 처리하고 엽록소가 흡수하지
않는 다른 파장의 빛을 흡수해 태양 광선을 최대로 활용한다.

눈부시게 아름다운 노란색과 주황색은 늘 그 자리에 있지만 대개는
엽록소의 초록색에 의해 가려진다. 가을이 되고 나무의 활동이 둔해지기
시작하면 나무는 다음 해에 다시 유용하게 쓰려고 엽록소를 거두어 재활용한다.
그렇게 엽록소가 분해되고 재흡수되면 잎의 초록색은 사라지고 밑에 있던
노란색과 주황색만 뚜렷해진다. 동시에 빨간색과 보라색 안토시아닌이
생성된다. 자, 이렇게 잎이 색깔을 바꾼다.

그런데 북아메리카 동부에 서식하는 설탕단풍나무는 이 마술쇼에 마법의
콧기름을 발라 마무리한다. 잎이 죽어갈 때, 특히 설탕단풍나무 잎에서는
나무가 아직 미처 재흡수하지 못하고 남아 있던 당분이 서서히 밝은 빨간색의
안토시아닌으로 바뀐다. 그러기 위해서는 당분이 나뭇잎 밖으로 나오는 여정을
늦추는 상쾌하고 서리 낀 밤, 그리고 안토시아닌을 생성하게 만드는 햇빛
따사로운 낮이 이어지는 이 지역의 전형적인 가을 날씨가 필요하다. 반면에
유럽의 가을은 낮이 차고 흐리며 밤은 별로 차지 않다. 바로 이것이 같은
설탕단풍이라도 온화한 지역에서는 단풍 색깔이 훨씬 덜 선명한 이유다.

*설탕단풍나무 잎은 나이가 들면서 붉어진다. 반대로 인도보리수 잎은 어릴 때
붉은색이다. (124쪽 참조)*

설탕단풍 ＊ 단풍나뭇과

나는 런던 큐 왕립식물원에서 살아 숨 쉬는 환상적인 수집품 가까이 살면서 1년 중 매 계절마다 많은 나무들을 만났다. 나는 독자들에게 가까운 식물원이나 수목원에서 자신만의 나무 여행을 시작하라고 권하고 싶다. 비싼 해외여행을 떠나지 않고도 (비록 일부이긴 하지만) 세계 수목 투어를 할 수 있기 때문이다. 국제 식물원 보존 연맹 사이트(bgci.org)에서 가까운 식물원을 찾을 수 있다. 어느 식물원이든 열정적인 직원과 유용한 읽을거리가 기다리고 있을 것이다. (*한국의 수목원 및 식물원은 산림청 사이트 http://www.forest.go.kr에서 '수목원 현황'을 참고하거나 사단법인 한국식물원수목원협회 사이트 http://www.kabga.or.kr에서 찾을 수 있다.)

이 책을 위한 자료를 찾으면서 많은 과학 잡지와 학술 논문을 참고했다. 이 책은 학술적인 목적으로 쓰인 책이 아니므로 참고한 자료의 전체 목록을 싣지는 않았다. 다만 관심 있는 독자에게 권할 만한 일부 자료를 소개한다. 이 목록에 있는 출판물 대부분은 아마 쉽게 구할 수 있겠지만, 일부는 도서관에 직접 방문하거나 중고 서점을 뒤져야 할 수도 있다. 책 제목만으로 쉽게 주제를 짐작하기 어려운 책이거나 또는 도움말이 유용할 것 같은 경우에는 짧게 설명을 덧붙였다.

(의욕이 넘치는 독자라면 누구나 읽을 수 있는 책)

Trees: Their Natural History, Peter A. Thomas (Cambridge University Press, 2014)
나무가 살아가는 방식과 하는 일에 대해 알고 싶다면 이 책만큼 군더더기 없는 책은 없다.

Between Earth and Sky, N. M. Nadkarni (University of California Press, 2008)
인간과 과학을 매력적인 방식으로 조합한 책.

The Forest Unseen (한국어판: 숲에서 우주를 보다), D. G. Haskell (Penguin Books, 2013)
오래된 테네시 숲 1제곱미터를 세심하게 관찰한 의외로 시적인 책.

The Tree: Meaning and Myth, F. Carey (The British Museum Press, 2012)
약 30종의 흥미로운 나무들을 문화적 관점에서 본 책. 글과 그림 모두 매우 뛰어나다.

(아마추어 식물학자들을 위한 책)

더 자세히 알아보고 싶다면 (당연히 그렇겠지만!) 봐야 할 책이다.

Biology of Plants(7판), P. H. Raven, R. F. Evert, S. E. Eichhorn (W. H. Freeman and Company, 2005)
개인적으로 최고로 손꼽는 식물학 참고서.

The Plant-book, D. J. Mabberley (Cambridge University Press, 2006)
종별로 상세 설명이 되어 있고, 다루는 범위가 어마어마함. 단, 대놓고 마니아층을 겨냥했음.

The Oxford Encyclopedia of Trees of the World, ed. B. Hora (Oxford University Press, 1987)

International Book of Wood (Mitchell Beazley, 1989)

The Life of a Leaf, S. Vogel (University of Chicago Press, 2012)
집에서도 할 수 있는 간단한 실험들을 소개함. 성인 독자를 대상으로 한 책으로는 흔치 않은 시도.

(지역별 참고 문헌)

유럽

Arboretum, Owen Johnson (Whittet Books, 2015)
영국과 아일랜드의 자생 식물 및 외래 도입종과 그 역사를 아름답게 설명한 책.

Flora Celtica, W. Milliken and S. Bridgewater (Birlinn Limited, 2013)
스코틀랜드 식물과 사람에 관한 책.

지중해

Trees and Timber in the Ancient Mediterranean World, R. Meiggs (Oxford University Press, 1982)

Plants of the Bible, M. Zohary (Cambridge University Press, 1982)

Illustrated Encyclopedia of Bible Plants, F. N. Hepper (Inter Varsity Press, 1992)

아프리카

Travels and Life in Ashanti & Jaman, R. Austin Freeman (Archibold Constable & Co, 1898)
오스틴 프리먼은 서아프리카 원정대 소속 의사였는데, 그의 뛰어난 이야기와 개화된 태도는 시대를 한참 앞섰다.

People's Plants: A guide to useful plants of Southern Africa, B-E. van Wyk and N. Gericke (Briza Publications, 2007)

인도

Sacred Plants of India, N. Krishna and M. Amirthalingam (Penguin Books India, 2014)

Jungle Trees of Central India, P. Krishen (Penguin Books India, 2013)

동남아시아

A Dictionary of the Economic Products of the Malay Peninsula, I. H. Burkill (Crown Agents for the Colonies, 1935)
이 책에서 기술하는 많은 나무 종과 쓰임새뿐 아니라 제국에 관한 기념비적 작품.

Fruits of South East Asia: Facts and Folklore, J. M. Piper (Oxford University Press, 1989)

A Garden of Eden: Plant Life in South-East Asia, W. Veevers-Carter (Oxford University Press, 1986)

On the Forests of Tropical Asia, P. Ashton (Royal Botanic Gardens Kew, 2014)

미국

The Urban Tree Book, A. Plotnik (Three Rivers Press, 2000)

오세아니아

Traditional Trees of Pacific Islands: Their Culture, Environment, and Use, C. R. Elevitch (PAR, 2006)

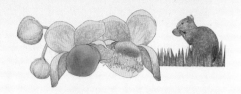

(주제별 참고 문헌)

생물 다양성 및 동물과 식물의 관계
Sustaining Life: How human health depends on biodiversity, E. Chivian and A. Bernstein (Oxford University Press, 2008)
지구상의 모든 정치가와 정책 입안자들의 필독서.

Leaf Defence, E. E. Farmer (Oxford University Press, 2014)

Plant–Animal Communication, H. M. Schaefer and G. D. Ruxton (Oxford University Press, 2011)

색깔
Nature's Palette, D. Lee (University of Chicago Press, 2007)
식물의 색깔 과학에 관한 기분 좋은 책. 재치 있고 고집스럽지만 매우 과학적임.

실용식물학
Plants in Our World, B. B. Simpson and M. C. Ogorzaly, 4th edition (McGraw-Hill, 2013)
인간의 식물 활용에 관한 훌륭한 기본서.

Plants from Roots to Riches, K. Willis and C. Fry (John Murray, 2014)

산림학
The New Sylva, G. Hemery and S. Simblet (Bloomsbury, 2014)
존 이블린John Evelyn의 1664년작 『실바Sylva』의 현대판.

The CABI Encyclopedia of Forest Trees (CAB International, 2013)

A Manual of the Timbers of the World, A. L. Howard (Macmillan and Co., 1920)

의학
Medicinal Plants of the World, B-E. van Wyk and M. Wink (Timber Press, 2005)

Mind Altering and Poisonous Plants of the World, B-E. van Wyk and M. Wink (Timber Press, 2008)

이국적인 식물
Bizarre Plants, William A. Emboden (Cassell & Collier Macmillan Publishers Ltd., 1974)

Fantastic trees, Edwin A. Menninger (Timber Press, 1995)

The Strangest Plants in the World, S. Talalaj (Robert Hale Ltd., 1992)

사회사 및 문화사

Compendium of Symbolic and Ritual Plants in Europe (원제는 *Compendium van Rituele Planten in Europa*), M. De Cleene & M. C. Lejeune (Man & Culture Publishers, 2003)

A Forest Journey: The role of wood in the development of civilization, J. Perlin (W. W. Norton & Co, 1989)

In the Shadow of Slavery: Africa's botanical legacy in the Atlantic world, J. A. Carney and R. N. Rosomoff (University of California Press, 2011)

열대 지방

Tropical & Subtropical Trees: A worldwide encyclopaedic guide, M. Barwick (Thames & Hudson, 2004

(더 전문적인 참고 자료를 원한다면)

개별 속, 심지어 종에 관한 서적도 많이
나와 있다. 그중 특별히 즐겁게 읽을 수
있는 책 몇 권을 소개한다.

A Book of Baobabs, Ellen Drake (Aardvark
Press, 2006)
바오바브나무에 관한 책.

*Betel Chewing Traditions in South-East
Asia*, D. F. Rooney (Oxford University Press,
1993)

Black Drink: A native American tea, C. M.
Hudson, ed. (University of Georgia Press,
2004)
요폰호랑가시나무 또는 인디언 홍차를
여러 각도에서 바라본 에세이.

The Story of Boxwood, C. McCarty (The
Dietz Press Inc., 1950)
회양목에 관한 책.

Devil's Milk: A social history of rubber,
John Tully (Monthly Review Press, 2011)
고무나무에 관한 책.

The Tanoak Tree, F. Bowcutt (University of
Washington Press, 2015)
탄오크에 관한 책.

*The Fever Trail: The hunt for the cure for
malaria*, M. Honigsbaum (Macmillan, 2001)

*Chicle: The chewing gum of the Americas
from the ancient Maya to William Wrigley*,
J. P. Mathews and G. P. Schultz (University
of Arizona Press, 2009)
치클(사포딜라)에 관한 책.

Handbook of Coniferae, W. Dallimore and
B. Jackson (Edward Arnold & Co., 1948)

Sagas of the Evergreens, F. H. Lamb (W. W.
Norton & Co. Inc., 1938)

(무료로 이용할 수 있는 온라인 자료)

plantsoftheworldonline.org
큐 왕립식물원에서 운영하는
사이트로 수만 종의 식물이
상세히 기재되어 있다. 첫
기항지로 손색이 없음.

agroforestry.org
태평양 지역 식물 전문
사이트.

ARKive.org
특히 멸종 위기 동식물에
관해 도움이 되는 사이트.
그림과 글이 훌륭함.

anpsa.org.au
오스트레일리아 자생 식물
협회.

bgci.org
국제 식물원 보존 연맹.
지역별 식물원 정보를 검색할
때 유용함.

conifers.org
겉씨식물 데이터베이스:
침엽수를 비롯한 겉씨식물
정보.

eol.org
생명의
백과사전Encyclopedia of
Life: 주요 특징, 분포 지도,
사진을 포함해 지금까지
알려진 모든 생물 종에 관한
항목이 있음.

globaltrees.org
멸종 위기종 섹션이 매우
훌륭함.

LNtreasures.com
살아 숨 쉬는 국보Living
National Treasures: 각
나라의 고유 동물 및 식물 종
검색.

monumentaltrees.com
수종마다 대표적인 나무를
찾을 수 있다. 반드시 세계
지도를 보면서 확인할 것.

naeb.brit.org
아메리카 원주민 민속
식물학: 좀 보기 어렵게 되어
있지만, 원주민들이 식물을
사용한 많은 사례가 나와
있어 끈기 있게 들여다볼
가치가 있음.

nativetreesociety.org
북아메리카 종이 주요
대상이지만 문화적 담론도
상당히 많이 다루고 있음.

onezoom.org
전체 생물 계통수와 종 간의
관계를 쉽게 탐색할 수 있는
놀라운 사이트. 시간 가는 줄
모름.

plants.usda.gov
미국 농무부 사이트. 여러
토종 및 자생 식물의 특징과
분포를 알 수 있음.

sciencedaily.com
최신 과학 연구 동향을 알 수
있는 훌륭하고 접근하기 쉬운
사이트. 식물 이야기가 잘
정리되었음.

TreesAndShrubsOnline.org
국제 수목 학회 사이트. 온대
식물에 관한 기재가 훌륭함.

wood-database.com
미국자연자원보호청 나무
데이터베이스. 상업적 나무와
목재에 관한 정보가 실려
있음.

(찾아보기)

(감사의 말)

담당 편집자 새라 골드스미스Sara Goldsmith는 초짜 작가, 아니 어떤 작가라도 바라
마지않을 덕목(잘 호응해 주고, 유머 감각도 뛰어나고, 훌륭한 판단력과 성자의 요령을 갖
춘, 그러나 글의 완성도에는 까다로운 덕목)을 모두 갖췄다. 나무에 관해 조사하고 쓰
는 것은 언제나 재밌는 일이었지만, 새라는 이 프로젝트를 큰 기쁨으로 만들었
다. 또한 루실 클레르Lucille Clerc의 재능과 인내에 대단히 감사하고 또 경외를 표
한다. 내가 그랬듯이 독자분들도 루실의 그림이 글을 멋지게 완성시켰다고 느껴
주었으면 좋겠다.
큐 왕립식물원의 환상적인 도서관과 기록 보관소 직원들은 무한한, 그리고 효율
적인 도움을 주었다. 그곳에서 앤 마셜Anne Marshall은 스타였다. 나는 특히 소중한
시간을 내어 원고를 읽어 준 큐의 과학자 친구들(조 오스본Jo Osborne, 스튜어트 케이블
Stuart Cable, 조나스 뮐러Jonas Mueller, 마크 네스빗Mark Nesbitt[경제 식물학의 원로], 그리고 에덴 프로
젝트의 마이크 몬더Mike Maunder)에게 감사의 말을 전하고 싶다. 그래도 실수가 남아 있
다면, 그건 다 내 탓이다.
큐 왕립식물원, 우드랜드 트러스트, 세계자연기금과 긴밀한 유대를 가진 것은 나
에게 행운 같은 일이다. 이 단체의 직원들은 훌륭한 일을 한다. 나는 그들을 지지
한다. 그리고 여러분의 지지를 받을 자격이 있다.
내가 한 일의 대부분은 다른 사람들의 일을 보고하는 것이었다. 수백 년 동안 힘
들여 관찰하고, 수집하고, 정리하고, 조사해 온 과학자와 역사학자 들이 인간 지
식 전체를 조금씩 축적해 왔다. 그들이 아니었다면 이 책은 감히 가능하지 못했을
것이다.
아내 트레이시와 아들 제이콥은 나무에 관한 온갖 말도 안 되는 것들에 대한 내 무
한한 열정을 품위 있게 인내하고 심지어 관심을 보여 주었다. 하! 아내와 아들이
지금 벌레를 잡고 있다. 우리 부모님이 나를 물들인 방식 그대로.

나무의 세계

초판 1쇄 발행일 2020년 6월 19일
초판 3쇄 발행일 2024년 1월 31일

지은이 조너선 드로리
옮긴이 조은영

발행인 윤호권, 조윤성
사업총괄 정유한

발행처 ㈜시공사 **주소** 서울시 성동구 상원1길 22, 7-8층(우편번호 04779)
대표전화 02-3486-6877 **팩스(주문)** 02-585-1755
홈페이지 www.sigongsa.com / www.sigongjunior.com

글 ⓒ 조너선 드로리

ISBN 979-11-6579-066-0 03480

*시공사는 시공간을 넘는 무한한 콘텐츠 세상을 만듭니다.
*시공사는 더 나은 내일을 함께 만들 여러분의 소중한 의견을 기다립니다.
*잘못 만들어진 책은 구입하신 곳에서 바꾸어 드립니다.

WEPUB 원스톱 출판 투고 플랫폼 '위펍' _wepub.kr
위펍은 다양한 콘텐츠 발굴과 확장의 기회를 높여주는
시공사의 출판IP 투고·매칭 플랫폼입니다.